Geologie: Exkursion zur Erde

Kleines Spektrum der Wissenschaften

Geologie: Exkursion zur Erde

Nikolai A. Jassamanow

Aus dem Russischen übersetzt
von B. Steier

Spektrum DER WISSENSCHAFT MIR

Originaltitel: Sowremennaja geologija

Aus dem Russischen übersetzt von B. Steier

Die Deutsche Bibliothek – CIP-Einheitsaufnahme

Jasamanov, Nikolai A.:
Geologie: Exkursion zur Erde / Nikolai A. Jassamanow.
Aus dem Russischen übers. von B. Steier. –
Heidelberg : Spektrum-der-Wissenschaft-Verlagsges. ;
Moskau : Mir, 1991
(Kleines Spektrum der Wissenschaften)
Einheitssacht.: Sovremennaja geologija <dt.>
ISBN 3-89330-667-6

Lektorat: Volker Schweizer, Walentina Poleschajewa,
Katharina Neuser-von-Oettingen
Layout: Nina Sotowa
Umschlaggestaltung: Design-Studio Henri Wirthner, Gengenbach
Illustrationen: Mir Publishers, N.A. Jassamanow
Satz: Mir-Verlag, Moskau
Druck und Verarbeitung: Druckerei Bitsch, Birkenau

Gedruckt auf chlorarmem und säurefreiem Papier

Inhalt

Vorwort zur deutschsprachigen Auflage

Seit alters her hat die Erde und ihre Rolle im Kosmos das Interesse der Menschheit erweckt. In der Antike bildeten sich im Rahmen der allgemeinen Naturphilosophie erste Vorstellungen zum Aufbau der Erde heraus; und bereits im 6. Jahrhundert vor Christus erkannte Xenophanes in den Fossilien Überreste von Organismen — eine Erkenntnis, die allerdings in Vergessenheit geriet, bis Leonardo da Vinci diese Deutung erneut entdeckte. Erze und Mineralien wurden früh unter handwerklichen und technischen Gesichtspunkten beschrieben. Aber erst im 18. Jahrhundert wandelte sich die beschreibende Geologie zu einer erklärenden Naturwissenschaft.

Zur Entwicklung der Geologie haben deutsche Forscher wichtige Beiträge geleistet. So stellte A. G. Werner 1777 an der Bergakademie zu Freiberg die erste stratigraphische Zeitskala auf. Seine These, daß sämtliche Gesteine aus dem Urmeer abgelagert wurden, bildete die Grundlage des Neptunismus, der dann viele Anhänger hatte. Zum Beispiel schloß sich auch Leopold von Buch, der die Geologie vieler Länder erforschte, den Ideen des Neptunismus an. Die Gegenposition wurde von J. Hutton vertreten, der einen vulkanischen Ursprung der Gesteine annahm — seine Schule vertrat den Plutonismus. Der langjährige Streit zwischen Neptunisten und Plutonisten hat die Geologie als Wissenschaft sehr bereichert.

Entscheidende Fortschritte verdankt die moderne Geologie dem berühmten Geophysiker und Meteorologe Alfred Wegener, der die heute allgemein akzeptierte These von der Kontinentaldrift aufstellte. Nach seinem tragischen Tod im Eis Grönlands geriet Wegeners Theorie langsam in Vergessenheit, aber seit der Mitte des 20. Jahrhunderts konnte sie sich auf einer neuen methodologischen Basis schließlich durchsetzen. Seitdem ist die Theorie der Plattentektonik Grundpfeiler der modernen Geologie, die sich im heutigen Verständnis nicht in einer Wissenschaft von der Entstehung und Entwicklung der Erde und der sie bewohnenden Lebewesen erschöpft.

Der Ursprung der Erde und ihr Tiefenaufbau, die Entstehung der Erdkruste, das Aufkommen nutzbarer Mineralien, der Ursprung und die Evolution des Lebens, der Werdegang und die Entwicklung der Atmosphäre, der Hydrosphäre und des Klimas sind bei weitem nicht alle großen Probleme der Geologie. Ab und zu wollte man dieses oder jenes Problem aus der Liste streichen — man glaubte, es sei endgültig gelöst, da die meisten Wissenschaftler eine neue Hypothese mit Elan aufnahmen, weil alle Tatsachen und Daten für die Theorie sprachen. Bei späteren Untersuchungen gewann man allerdings Einsichten, die bestehenden Theorien widersprachen und eine Revision der alten Vorstellungen erzwangen. Im Unterschied zu anderen Naturwissenschaften gibt es in der Geologie eine Vielzahl von Hypothesen — mitsamt ihren verschiedenen Varianten —, oft konnten gegensätzliche Hypothesen über längere Zeit nebeneinander existieren. Allein zur Entstehung der Erdkruste gibt es über hundert Hypothesen, und die Frage nach den Ursachen für das Aussterben der Dinosaurier hat zu zig Erklärungsversuchen geführt.

Die Ressourcen der Erde hat sich die Menschheit seit alters her zunutze gemacht — mit wachsendem Raubbau an den natürlichen Reserven. Es ist an der Zeit darüber nachzudenken, daß die Natur aus dem Gleichgewicht geraten könnte, das unsere Lebensgrundlage bildet, und entsprechend geschont werden muß. Um hier einen Anfang machen zu können, sollte jeder gebildete Mensch das ABC der Geologie beherrschen, denn bei vielen praktischen Tätigkeiten wird er früher oder später Fragen der Geologie und des Umweltschutzes begegnen.

Die Geologie ist so vielfältig, daß sich ihre Teilgebiete, die verschiedenen Untersuchungsverfahren und die wichtigsten Errungenschaften in einem kurzen Büchlein nicht umfassend darstellen lassen — deshalb sind Fachrichtungen wie Mineralogie und Petrologie, Kristallographie und Petrographie, Geochemie und Geophysik, Ingenieurologie und Hydrogeologie nur erwähnt. Dieses Buch kann aber vielleicht doch einen ersten Eindruck von dieser faszinierenden Wissenschaft vermitteln und bei Schülern und Studenten Neugier und Interesse dafür wecken — und einige Leser vielleicht ganz in den Kreis der Geologen hineinziehen.

Nikolai A. Jassamanow

1. Geologie — die Wissenschaft von der Erde

Menschen und Geologie

Wer zum ersten Mal in die Berge oder an die See kommt, wird von der Schönheit und Erhabenheit der unberührten Natur überwältigt sein. Der Begeisterung folgt dann die Ehrfurcht vor den gewaltigen Kräften im Inneren unseres Planeten, die an der Oberfläche wirksam werden. Unweigerlich stellt sich die Frage, wie es hier früher ausgesehen hat. Wie konnte sich beispielsweise ein Fluß mehrere hundert Meter tief in festes Gestein einschneiden? Im Hochgebirge, an den Steilküsten von Meeren und in Flußtälern liegen die unterschiedlichsten Gesteinsschichten offen da. Oft lagern sie horizontal, gelegentlich sind sie auch flach-wellenförmig verbogen oder sogar in komplizierter Weise miteinander verfaltet. Einem Laien sagen diese Gesteine wenig. Er kann sie nur bewundern.

Dem Geologen aber, der ihre Sprache zu entziffern vermag, geben sie Hinweise auf ihre Entstehung, auf die geographischen Bedingungen im Ablagerungsraum und auf die Prozesse, die sich danach noch ereigneten.

Die Schichtung der Gesteine ist für den Fachmann eine Art Chronik, ein Buch, das von der Erdgeschichte berichtet. Diese Geschichte ist in jeder Gesteinsschicht, in jeder Schichtenfolge in oft unverständlicher Schrift aufgezeichnet. Anhand dieser Zeichen schließt der Geologe, wie unsere Erde in der fernen Vergangenheit ausgesehen hat. Ist das für den heutigen Geologen wirklich so wichtig? Natürlich, vom Bildungswert und vom Interesse her ohne Zweifel, aber sonst?

Die Erforschung der erdgeschichtlichen Vergangenheit hilft uns zu verstehen, nach welchen Gesetzmäßigkeiten geologische Prozesse auf unserem Planeten ablaufen, so daß wir auch die heutigen, mitunter sehr langsam ablaufenden Veränderungen erkennen und die damit verbundenen künftigen Zustände mit größerer Sicherheit voraussagen können. Doch es geht nicht nur um die Voraussage. Die moderne Geologie umfaßt heute mehrere verwandte Disziplinen, die sich mit dem Aufbau, der Zusammensetzung und Entstehungsgeschichte der Erde beschäftigen. Dazu gehören die Allgemeine Geologie, Tektonik, Historische Geologie, Mineralogie, Petrographie, Kristallographie, Paläontologie, Geophysik, Geochemie, Lagerstättengeologie, Ingenieurgeologie, Meeresgeologie, Extraterrestrische Geologie und andere Forschungszweige. Wie diese Aufzählung zeigt, kommt der Geologie eine enorme praktische Bedeutung für unsere heutige Praxis zu: Geologisches Wissen läßt die Entwicklungstendenzen unseres Planeten erkennen und versetzt uns in die Lage, Lagerstätten der unterschiedlichsten Rohstoffe zu entdecken und abzubauen.

Wichtig ist auch ein anderer Aspekt. Wenn wir die Prozesse kennen, die sich im Erdinneren und auf der Oberfläche unserer Erde abspielen, wenn wir die Gesetzmäßigkeiten überblicken können, nach denen sich Gesteine und Erze,

Meere und Ozeane, Berge und Ebenen herausbilden, dann wissen wir, was uns erwartet und mit welchen Naturkatastrophen wir eventuell zu rechnen haben. Wir können also unsere Angst vor unberechenbaren Naturgewalten zumindest eindämmen, wenn wir die Ursachen und Folgen sowie das Ausmaß bedrohlicher Naturerscheinung besser überblicken, denn Angst kommt vor allem aus Unwissenheit und Unsicherheit. Nahezu alle Vorgänge auf unserer Erde sind das Ergebnis geologischer Prozesse, die entweder im Erdinneren (endogen) oder an der Erdoberfläche (exogen) ablaufen. Die Veränderungen, die diese Kräfte hervorrufen, vollziehen sich mit unterschiedlicher Geschwindigkeit. Selbst so scheinbar „ewige" Gebilde wie Gebirgszüge, Vulkane, Schluchten, Flüsse und Meere unterliegen im Laufe der Zeit gewissen Veränderungen. Diese erfolgen jedoch so langsam, daß selbst mehrere Generationen keine wesentlichen Veränderungen wahrnehmen können.

Andere geologische Prozesse laufen in sehr kurzen Zeitspannen ab und verursachen dadurch häufig Naturkatastrophen. Zahlreiche Gebiete unserer Erde werden von starken Erdbeben heimgesucht, die Gebäude und Verkehrswege zerstören und überdies zahlreiche Todesopfer fordern.

So werden die Küsten des Atlantischen Ozeans und des Golfs von Mexiko, die Inseln Japans und die Pazifikküsten Asiens periodisch von alles zerstörenden Flutwellen mit einer Höhe von mehreren zig Metern heimgesucht. Verursacht werden sie durch tropische Orkane, Taifune oder durch Seebeben im Bereich der Ozeane.

Ein gewaltiges, furchterregendes Naturereignis sind Vulkanausbrüche. Es gibt ausführliche historische Beschreibungen von Ausbrüchen des Vesuvs und Ätnas in Italien, des Krakatau in Indonesien und des Katmai in den USA. Mehrfach erwachten in den siebziger und achtziger Jahren Vulkane in Mexiko, Kolumbien und Island, auf Kamtschatka und den Hawaii-Inseln. Vulkanausbrüche bringen nicht immer und nicht ausschließlich Tod und Zerstörung; durch die Eruption verbreitet sich oft vulkanische Asche, die die Fruchtbarkeit der Böden erhöht. So sind nach dem Ausbruch des Vulkans Besymjanny im Jahre 1956 die Erträge auf den vom Ascheregen betroffenen Böden enorm in die Höhe geschnellt.

Entscheidende Bedeutung für den Menschen haben im Bereich der Geologie natürlich die Bodenschätze. Seit Urzeiten hat der Mensch zahlreiche Methoden der Gewinnung, Verarbeitung und Verwendung der mineralischen Rohstoffe entwickelt. Dabei unterscheidet man zwischen mineralischen Rohstoffen, die als anorganische Bestandteile der Erdkruste entstanden, und fossilen Rohstoffen, die aus Überresten von Pflanzen und Lebewesen bestehen, also organischer Natur sind. Die Bodenschätze liefern uns Salze, Metalle, Brennstoffe, Düngemittel, Baustoffe, Schleifmittel, Rohstoffe für die chemische Industrie — all dies liefert uns die Erde, machten jedoch zu ihrer Erschließung umfangreiche geologische Erkundungsarbeiten erforderlich.

Bodenschätze werden gefördert in Bergwerken, im Tagebau und durch Bohrungen. Der Einsatz der hochproduktiven Fördertechnik hat dazu geführt, daß sich die in Millionen Jahren entstandenen mineralischen und fossilen Lagerstätten sehr schnell erschöpfen und die Menschheit bald an Rohstoffmangel leiden wird. Sie kann es sich jedoch nicht leisten, ihre von Bodenschätzen abhängige industrielle und landwirtschaftliche Produktion zu drosseln. Dabei müssen sowohl effektivere Methoden der Gewinnung als auch darüber hinaus spezielle Verfahren entwickelt werden, um auch niedrighaltige Erze aufbereiten zu können.

Ein überaus aktuelles Problem ist daneben der Schutz der Umwelt vor schädlichen Auswirkungen der Rohstoffgewinnung. Hierbei kommt es darauf an, die bereits entstandene Umweltbelastung rückgängig zu machen und künftige negative Auswirkungen von vornherein auszuschließen.

Geologische Prozesse

Die Geologen erforschen unseren Planeten, insbesondere seine Zusammensetzung und seinen Aufbau, die Erdkruste und das Erdinnere, sie entschlüsseln die Entwicklungsgeschichte des Lebens sowie die Bildung der natürlichen Landschaften auf der Erde. Untersuchungsobjekt sind die verschiedensten natürlichen Produkte, die teils auf der Erdoberfläche teils im Erdinneren lagern, außerdem die Abläufe der verschiedenartigen geologischen Prozesse. Diese Prozesse haben letztlich die Entstehung der Gesteine, des Oberflächenreliefs und damit die Entwicklung unseres Planeten bestimmt.

Die geologischen Prozesse zeichnen sich, von wenigen Ausnahmen abgesehen, durch große Dimensionen und enorme Dauer aus. Ihr Wirken erstreckt sich vom Mikroreich bis hin zu den Kontinenten und dem Planeten als Ganzes und dauert über Hunderte Millionen von Jahren fort. Verglichen damit ist ein Menschenleben, und sogar die gesamte Entwicklung der Menschheit, letztlich eine winzige Zeitspanne in der Entwicklungsgeschichte der Erde. Deshalb entziehen sich die meisten geologischen Prozesse einer unmittelbaren Beobachtung. Sie können nur anhand ihrer Auswirkung auf die Gesteinsarten (Anordnung und Art der Mineralien in ihnen), auf die geologischen Strukturformen, die unterschiedliche Reliefausbildung der Kontinente und Meeresböden beurteilt werden. Und erst nach mühseliger schrittweiser Erfassung dieser einzelnen Faktoren kann der Geologe Folgerungen über die ablaufenden geologischen Prozesse ziehen, die eine Rekonstruktion der Entstehungsgeschichte des jeweiligen Raums oder des jeweiligen Abschnitts der Erdkruste möglich machen.

Die geologischen Prozesse wirken auf der Erde seit deren Entstehung. Die einen von ihnen resultieren aus dem Wirken von Vorgängen im Erdinneren, das sind die endogenen Prozesse; die anderen hingegen werden von der Energie angeregt, die unsere Erde von außerhalb, in erster Linie von der Sonne bezieht — das sind die exogenen Prozesse. Zu den endogenen Prozessen gehören Vulkanausbrüche, Erdbeben, die Gebirgsbildung sowie die horizontalen und vertikalen Verschiebungen der Erdkruste; die exogenen Prozesse äußern sich als Tätigkeit des Oberflächen- und Grundwassers, des Windes, der Gletscher, der Organismen usw.

Die exogenen Prozesse ebnen das Relief der Erdkruste ein, das von den endogenen Kräften geschaffen worden ist. Durch die Verwitterung, d. h. die Zerstörung des Gesteins durch Schwerkraft, Wind, Wasser und Organismentätigkeit, bildet sich Schuttmaterial, das sich schließlich in den Senken ansammelt. Unter dem Einfluß exogener Kräfte werden die Berge abgetragen. Sie werden zu Hoch-

und Flachebenen, die danach durch das Wirken endogener Kräfte wiederum als Gebirge aufsteigen.

Auf unserem Planeten läuft der nie aufhörende Zweikampf zwischen den endogenen und den exogenen Prozessen ab. Unentwegt und bis in alle Ewigkeit verändern sie das Antlitz der Erde. So war es in der fernen geologischen Vergangenheit, so wird es auch in der Zukunft sein.

Will man die geologische Wirkung der verschiedenen Faktoren beurteilen, reicht die Kenntnis ihres Alters, ihrer Dimensionen und ihrer Dauer nicht aus. Man muß noch ihr Grundwesen, ihre Auswirkung und Entwicklungsrichtung kennen. Daher war die Entwicklung und breite Anwendung einer historisch-vergleichenden Methode, bekannt als das Aktualitätsprinzip, für den weiteren Fortschritt der Geologie als Wissenschaft von erheblicher Bedeutung. Was steckt dahinter? Das Prinzip des Aktualismus wurde erstmals von dem britischen Geologen Ch. Lyell im 19. Jahrhundert aufgestellt. Der Grundgedanke dieses Prinzips besagt, daß die Kräfte, die das Gesicht der Erde verändern, heute auf gleiche Weise wirken wie in der fernen Vergangenheit. Wind, Regen, Überschwemmungen, Gletscher, Meereswellen, Vulkane, Erdbeben und andere geologische Erscheinungen haben das Antlitz der Erde seit jeher verändert. Granitfelsen — das Sinnbild der Festigkeit und Unzerstörbarkeit — unterliegen allmählich der Zerstörung und werden zu Sand und Lehm. Gesteinsbruchstücke, von Flüssen transportiert oder am Strand abgerollt, werden im Laufe der Zeit zu Kies und Sand. Die in alten Sedimentgesteinen überlieferten grobkörnigen Komponenten sind auf dieselbe Art und Weise entstanden. Fossile Sicheldünen und auch fossile Rippelmarken an der Oberfläche von Wüstensanden sind, wie die heutigen, vom Wind in Wüsten und Halbwüsten geschaffen worden.

Die geologischen Kräfte, die über viele Millionen Jahre angreifen, können gewaltige Leistungen vollbringen. Ein Fluß zum Beispiel kann einen Cañon (steilwandiges Tal) von mehreren hundert Metern Tiefe einschneiden, wie es der Grand Canyon im Staat Colorado ist, oder ein Gebirgsmassiv völlig einebnen. So waren der Südural und das Mugodshary-Gebirge, die nach Süden in eine Ebene übergehen, in früheren Zeiten hohe Gebirgszüge.

Ein sorgfältiges Studium der heute ablaufenden geologischen Vorgänge hilft ganz wesentlich zum Verständnis der in der fernen Vergangenheit abgelaufenen Prozesse. Dennoch sind sich die Geologen darüber klar, daß die Entwicklung der Erde nicht umkehrbar ist und daß gleiche Prozesse zu verschiedenen Zeiten zu unterschiedlichen Ergebnissen führen können. Im Laufe der Erdgeschichte haben sich die Zusammensetzung der Erdatmosphäre und auch die Menge und die Zusammensetzung des Meerwassers verändert, und dies kann nicht ohne Einfluß auf den Ablauf und die Intensität der geologischen Prozesse gewesen sein.

Daher müssen beim Vergleich der früheren und der heutigen geologischen Prozesse auch die veränderten physikalisch-geographischen Gegebenheiten mit in Betracht gezogen werden.

Geologie und Städtebau

Der Titel dieses Unterkapitels mag auf den ersten Blick Verwunderung hervorrufen. Nach der gängigen Meinung arbeiten Geologen in abgeschiedenen Gegenden, fernab von Ortschaften und kehren nur im Winter in die Städte zurück, um dort die Ergebnisse ihrer Felduntersuchungen auszuwerten. So ist es nicht ganz. An der Planung von Städten, am Bau von Gebäuden und Verkehrswegen sind Geologen in hohem Maße beteiligt. Dieser vergleichsweise junge Zweig der Geologie löst große und wichtige Aufgaben im Zusammenhang mit menschlicher Tätigkeit. Der Ingenieurgeologie kommt eine hohe wirtschaftliche Bedeutung zu. Sie ist unverzichtbar beim Bau von Atom- und Wasserkraftwerken, von Verkehrsverbindungen und Pipelines, aber auch beim Bau von Wohn- und Fabrikanlagen und schließlich auch bei der Ausweisung landwirtschaftlich nutzbarer Gebiete.

Bei der Planung von Städten kommt es nicht nur darauf an, das Baugelände richtig auszuwählen; nicht minder wichtig ist es, die natürliche Landschaft zweckgerecht zu nutzen und vor allem zu erhalten, die Bodenverhältnisse und die hydrologischen Gegebenheiten zu ermitteln, hängt doch die Standfestigkeit der Gebäude von der Beschaffenheit des Baugrunds ab. Außerdem muß die ausreichende Versorgung der Bewohner und der Industrie mit Trink- und Brauchwasser gewährleistet sein.

Flußniederungen galten lange Zeit als idealer Platz für die Anlage von Siedlungen. Zum Schutz gegen die saisongebundenen Überschwemmungen baute man Deiche (Schutzdämme). Schwierigkeiten ergaben sich jedoch bei der Gründung der Fundamente auf den feuchten Böden mit hohem Grundwasserspiegel.

In Hanglagen und Berglandschaften muß bei der Gründung von Bauwerken die Stabilität der Hänge berücksichtigt werden. Auf den ersten Blick mögen sie als standfest erscheinen, lagern im Untergrund jedoch tonige Schichten, so kann die Auflast zu Kriech- und Fließbewegungen im Untergrund führen. Bei wolkenbruchartigen Regenfällen kommt es häufig zu Hangrutschen und Massenverlagerungen und damit zu erheblichen Gebäudeschäden.

Bei der Projektierung von Siedlungsräumen achten die Planer bei steilen Hängen auf Festgestein im Untergrund. Einerseits ist auf solchen Hängen zwar die nötige Standfestigkeit gewährleistet, andererseits bedingen jedoch solche Hänge zusätzlichen Aufwand und Finanzierungsmittel bei der Planung und Anlage von Straßentrassen sowie von Wasser- und Abwassernetzen.

Den Eigenschaften des Baugrundes kommt daher bei der Stadtplanung erhebliche Bedeutung zu. Handelt es sich um magmatische oder um fest verkittete sandig-kiesige Gesteine, läuft die Sache lediglich auf eine Verteuerung der Erdarbeiten hinaus. Besteht der Untergrund jedoch aus Tonschiefern, deren Schichtung womöglich noch in unterschiedlichen Richtungen einfällt, können einzelne Blöcke verrutschen und somit Zerstörungen verursachen. Am schwierigsten sind Baumaßnahmen jedoch an Karbonatgesteinen. Bei längerer Einwirkung von Wasser gehen die Kalksteine und Dolomite in Lösung, so daß sich Spalten und ganze Höhlensysteme im Untergrund bilden. Mitunter machen sie sich an der Oberfläche bemerkbar, meistens jedoch bleiben sie dem Blick verborgen. Um eine direkte Gefährdung der in Planung befindlichen Gebäude auszuschließen, bedarf es umfangreicher Baugrunduntersuchungen, einschließlich der Anlage von Schürfbohrungen. In einzelnen Fällen wird unter hohem Druck Zementmörtel in die porösen und kavernösen Karbonatgesteine, aber auch beispielsweise in lockere Sand-, Kies- und Gerölleinlagerungen gepreßt, um diese Bereiche zu stabilisieren. Der Mörtel füllt die Hohlräume aus und verfestigt beim Abbinden unter Ausbildung einer Art Betonplatte den Untergrund unterhalb der Fundamente.

Ein gutes Hilfsmittel bei der Projektierung von Siedlungsgebieten stellen Luftbildaufnahmen dar. Zusammen mit Geländebeobachtungen vermitteln sie eine ungefähre Vorstellung von der geologischen Beschaffenheit des Baugeländes, so daß die Zahl der eingehenden Felduntersuchungen eingeschränkt werden kann. Dieses Verfahren wendet man bei der Projektierung von Ortschaften oder einzelnen Bauobjekten in abgelegenen Gegenden, aber auch von Großprojekten wie Flugplätzen und anderen Anlagen an. Sehr aufschlußreich ist die Auswertung von Luftbildaufnahmen zur Auswahl von Siedlungsräumen in Gegenden mit Dauerfrostboden, um dort im Sommer gezielt Felduntersuchungen durchführen zu können.

Bei Erkundungsarbeiten spielen ingenieur-geologische Karten eine entscheidende Rolle. Im Unterschied zu den üblichen geologischen Karten zeigen sie den Typ und die Eigenschaften der überwiegend verbreiteten Lockergesteine wie Sand und Kies oder quellbare Tone, weiterhin den Bodentyp sowie die Tiefenlage und die Ausbildung des im Untergrund anstehenden Gesteines. Sie weisen potentielle Rutschgebiete aus und enthalten neben weiteren Angaben auch Hinweise auf Quellen und Grundwasserstände. Ohne diese Karten sind Baumaßnahmen heute nicht mehr sinnvoll durchzuführen.

Die Planung und Entwicklung bereits bestehender und künftiger Siedlungen unter minimaler Beeinträchtigung der Umwelt bedarf der Zuarbeit vieler Forschungsdisziplinen. Da die Städte- und Regionalplanung eine äußerst komplexe Angelegenheit ist, arbeiten Experten unterschiedlichster Arbeitsrichtungen, einschließlich der Geologen, gemeinsam an dieser wichtigen Aufgabe. Der Ingenieurgeologe arbeitet bei seiner Tätigkeit eng zusammen mit Architekten und Bauingenieuren. Dennoch besteht die Hauptaufgabe der Geologie in der Erforschung des Aufbaus und der Entwicklung der Erde, und mit diesen Fragen eben wollen wir uns in dem vorliegenden Buch befassen.

2. Die Erde als Planet

In diesem Kapitel wollen wir uns mit der Erde befassen, mit ihrer Stellung im Planetensystem, mit ihrem Aufbau und ihrer stofflichen Zusammensetzung. Hier berühren sich unter den Geowissenschaften — die Geologie, die Geophysik und die Geochemie. Doch bevor wir uns dem inneren Aufbau unseres Planeten zuwenden, müssen wir dessen Platz im Weltall und dessen Beziehung zu den anderen Himmelskörpern aufzeigen.

Die Erde ist einer der neun Planeten, die um die Sonne kreisen (Bild 2.1). Die zahlreichen Sterne, unsere Sonne ist nur einer von vielen, bilden mit ihr zusam-

2.1 Die Erde aus dem Weltraum.

men eine Galaxis, unsere Milchstraße. In diesem Zusammenhang sei darauf hingewiesen, daß die spiralförmig ausgebildete Milchstraße nur eine von vielen und sehr unterschiedlich geformten Galaxien des Universums darstellt. Dieses wiederum besteht aus mehr als 100 Milliarden einzelnen Sternen. Man kann sich also vorstellen, wie vielfältig und grenzenlos unser Weltall, das Universum, ist. Mittels optischer und Radioteleskope hat man erkannt, daß der Durchmesser einiger Galaxien Tausende von Lichtjahren beträgt. (Das Lichtjahr entspricht der Länge des Weges, den das Licht mit 300 000 km/s innerhalb eines Jahres zurücklegt. Es entspricht ungefähr einer Entfernung von $9{,}46 \cdot 10^{12}$ km.)

Da die Sonne und unsere Erde in die Galaxis eingekettet sind und wir die Milchstraße demnach von außen nicht betrachten können, erscheint sie uns nicht als Spirale, sondern als bogenförmiger Streifen, der den Nachthimmel durchzieht. Die Vermutung, dieser helle Bogen besteht aus einzelnen Sternen, ist erstmals von Galileo Galilei Anfang des 17. Jahrhunderts geäußert worden. Diese Sterne sind zu weit von uns entfernt, als daß wir sie als Einzelobjekte erkennen könnten. Mit bloßem Auge sind nur knapp mehr als 5000 Sterne zu beobachten. Die Milchstraße hat die Form einer flachen Scheibe mit einem Durchmesser von etwa 100 000 Lichtjahren.

Unsere Sonne hat ihre Position in einem Punkt, der ungefähr 3/5 des Milchstraßenradius, vom Galaxiszentrum aus gerechnet, entspricht. Alle Sterne der Galaxis und auch unsere Sonne zusammen mit ihrem Gefolge von neun Planeten und den daran gebundenen Trabanten (Monden) umlaufen den Mittelpunkt der Milchstraße innerhalb von 240 bis 250 Millionen Jahren. Ihre Bewegungsgeschwindigkeit ist recht beeindruckend und beläuft sich auf 240 km/s (864 000 km/h). Die Masse der Sonne beträgt $2{,}25 \cdot 10^{27}$ Tonnen und ist also 329 400mal größer als die Masse der Erde ($6{,}2 \cdot 10^{21}$ t), während ihr Volumen 1 300 000mal größer ist als das der Erde. Die Sonne bildet das Gravitationszentrum für alle Himmelskörper, die dem Sonnensystem angehören. Dank dieser Schwerkraft bewegen sich die Planeten und ihre Monde, die Kometen und Meteoriten um die Sonne.

Unser Planet rotiert um die eigene Achse von West nach Ost. Deshalb wird bei uns der Eindruck erweckt, daß alle Sterne in der Nacht und die Sonne am Tage nach Westen wandern. Alle Planeten der irdischen Reihe bewegen sich auf ihren Bahnen von West nach Ost in fast dergleichen Ebene. Selbst die Sonne dreht sich um ihre Achse gemächlich von West nach Ost. Alle Planeten, die Venus und den Uranus ausgenommen, rotieren um ihre Achse in derselben Richtung, in der sie die Sonne umkreisen. Die Venus dreht sich in entgegengesetzter Richtung, und die Drehachse des Uranus liegt in der Ebene seiner Umlaufbahn. Das Gros der Trabanten hält sich in der Umlaufrichtung an die Rotationsrichtung ihrer Mutterplaneten.

Die für das Sonnensystem bemerkenswerte Besonderheit — die übereinstimmende Bewegungsrichtung der Himmelskörper — zeugt davon, daß die Sonne, die Planeten und deren Monde eine gemeinsame Herkunft haben. Die Astronomen nehmen an, daß sie genetisch alle aus einer einzigen kosmischen Wolke interstellarer Materie abgeleitet werden können.

Die Erde, wie auch die anderen Planeten, bezieht ihre Energie von der Sonne — von einem Stern mittlerer Größe mit einem Durchmesser von $1{,}39 \cdot 10^{9}$ km.

Die von der Sonne abgestrahlte Energie beträgt ungefähr 10^{26} Joule pro Sekunde. Nahezu die gesamte Energie erreicht die Erdoberfläche in Form von elektromagnetischer Strahlung. Diese Strahlung besitzt ein breites Spektrum, sie umfaßt Röntgen- und Ultraviolettstrahlen, sichtbares Licht, Wärmestrahlung und Radiowellen. Die Ozonschicht in den oberen Schichten der Erdatmosphäre verhindert das Eindringen der Ultraviolett- und Röntgenstrahlen.

Die Sonne ist ein riesiger natürlicher Kernreaktor, in dem Kernprozesse mit erheblicher Energiefreisetzung ablaufen. Dabei ist zu sagen, daß der Durchmesser der Sonne, trotz der ablaufenden Nuklearreaktionen, unverändert bleibt. Nach Ansicht der Astrophysiker wird die Tendenz zur einer explosionsartigen Expansion der Materie durch die Gravitationskräfte der Sonne ausgeglichen. Die Temperatur auf der Oberfläche der Sonne beträgt 5500 °C, während sie im Mittelpunkt der Sonne, wo die Kernverschmelzung abläuft, auf 10^{7} °C geschätzt wird.

Das Licht und die Wärme, die von der Sonne abgestrahlt werden, bilden die Grundlage für den Ablauf vieler geologischer Prozesse. Die Sonnenwärme ist eine der wichtigsten Klimafaktoren. Sie sorgt auf der Erde für günstige Lebensbedingungen.

Die Menge der bis zur Erdoberfläche gelangenden Sonnenenergie war eine über lange Zeit praktisch unveränderliche Größe. Das Leben auf der Erde entwickelt sich nun schon mehrere Milliarden Jahre, dabei können Organismen nur in einem streng begrenzten Temperaturbereich mit einem Höchstwert 80 bis 100 °C existieren.

Wann ist eigentlich die Sonne entstanden? Mit dieser Frage beschäftigten sich die Gelehrten schon im tiefen Altertum, und viele Naturforscher bemühten sich um eine Antwort. Die Berechnungen von Astrophysikern auf der Grundlage theoretischer Ausgangswerte der Kernphysik besagen, daß die Sonne etwa 5 Milliarden Jahre alt sein muß. Die Ergebnisse der theoretischen Berechnungen fanden ihre Bestätigung in geologischen Erkenntnissen. So ist nachgewiesen worden, daß die ältesten bisher bekannten Gesteine auf der Erde vor 3,8 bis 4 Milliarden Jahren entstanden sind. Auf dem Mond hat man 4,7 Milliarden Jahre alte Gesteine entdeckt, und Datierungen von Meteoriten ergaben etwa 4,6 Milliarden Jahre. Alle diese Altersbestimmungen liegen in der gleichen Größenordnung, und somit kann der Schluß gezogen werden, daß die Sonne und ihre Planeten fast zur gleichen Zeit entstanden sein müssen.

Die Planeten, die auf ihren Umlaufbahnen die Sonne umkreisen (Bild 2.2), sind unterschiedlich nach Größe und Stoffbestand. Zu den Zwergen unter ihnen zählen der Pluto und der Merkur, Riesen sind der Neptun und der Jupiter. Die einen Planeten bestehen aus kompakter Materie und sind von einer flüssigen oder gasförmigen Atmosphäre umgeben, die anderen bestehen aus einer verdichteten gasförmigen Materie. Merkur, Venus, Erde und Mars — die der Sonne am nächsten stehenden Planeten — haben geringe Abmessungen und bestehen aus gesteinsartiger oder metallischer Materie. Jupiter, Saturn, Uranus und Neptun sind aus einer Vielzahl von Gasen zusammengesetzt: Wasserstoff, Helium, Methan sowie aus festem Ammoniak und Kohlendioxid. Die Gashülle umgibt den festen Kern in Form eines dichten Ringes. Es leuchtet ein, daß unsere allgemeinen Vorstellungen in starkem Maße nur theoretische Annahmen sind.

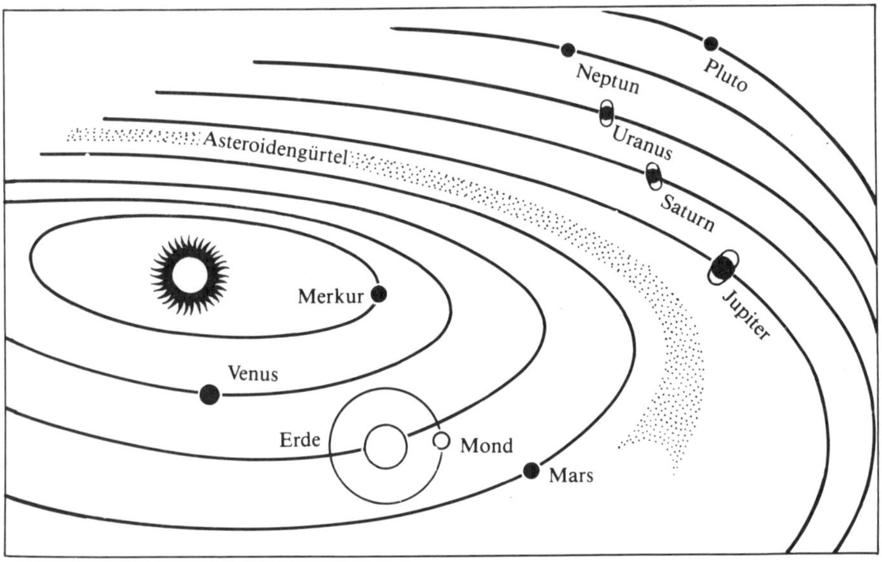

2.2 Schematische Darstellung des Sonnensystems.

Die Erde ist der größte unter den sonnennahen Planeten. Sie umläuft die Sonne auf einer fast kreisförmigen Bahn. Die mittlere Entfernung von der Sonne beträgt 150 Millionen Kilometer. Die Umlaufgeschwindigkeit der Erde erreicht 29,7 km/s. Einen vollen Umlauf um die Sonne vollführt sie in 365,26 Tagen. Einmal um ihre eigene Achse dreht sich die Erde innerhalb von 23 Stunden und 56 Minuten.

Form und Größe der Erde

Astronomische Beobachtungen, Messungen aus dem Weltall und Direktmessungen auf der Erde haben es ermöglicht, die Form und die Größe unseres Planeten, seine Masse, das Gravitations- und das Magnetfeld, den Wert der Wärmeströmung aus dem Erdinneren und viele physikalische Kennwerte der Erdoberfläche zu ermitteln. Der mittlere Radius der Erde beträgt 6371 Kilometer, in der Äquatorebene sind es 6378,86 und in der Polebene 6356,78 Kilometer. Der größere Durchmesser am Äquator und die Abplattung der Erde an den Polen sind auf ihre Rotation um die eigene Achse und auf ihre Neigung zurückzuführen. Insgesamt jedoch kommt die Form der Erde einem Rotationsellipsoid sehr nahe, das man als Geoid bezeichnet.

Die Masse der Erde beträgt $5{,}976 \cdot 10^{27}$ Gramm (oder $5{,}976 \cdot 10^{9}$ Billionen Tonnen). Das Volumen der Erde beläuft sich auf $1{,}083 \cdot 10^{27}$ cm^3.

Aus dem Volumen und der Masse der Erde kann man ihre mittlere Dichte errechnen. Wir erhalten dabei 5,52 g/cm^3, was 5,52mal größer ist als die Dichte des Wassers. Laboruntersuchungen haben erbracht, daß die Dichte der Gesteine auf der Erdoberfläche mit 2,8 g/cm^3 angegeben werden muß. Zieht man diese Werte in Betracht, dann gelangt man zwangsweise zur Erkenntnis, daß sich im Inneren der Erde Gesteine verbergen müssen, deren Dichte das Mehrfache der mittleren Dichte der Erde ausmacht.

Die Beschleunigung des freien Falls an der Erdoberfläche wird unter Verwendung von Meßgeräten ermittelt, die man als Gravimeter bezeichnet. Als Maßeinheit gilt 1 cm/s². Die modernen Gravimeter liefern eine Meßgenauigkeit bis zu 0,001 cm/s². Am Äquator beträgt die Beschleunigung im Mittel 978,049 cm/s². Dabei wird die Fliehkraftbeschleunigung berücksichtigt, die von der Umdrehung der Erde herrührt und den Wert von 3,392 cm/s² besitzt. An den Polen entfällt die Fliehkraftbeschleunigung verständlicherweise, und deshalb wird dort eine höhere Fallbeschleunigung gemessen als am Äquator — der Mehrbetrag macht aber nur 1/189 aus.

In etlichen Punkten der Erde weicht die Fallbeschleunigung vom Durchschnittswert ab. Das sind die sogenannten Gravitationsanomalien, die mitunter einige hundert cm/s² erreichen können.

Unser Planet besitzt bekanntlich ein Magnetfeld. Vom Vorhandensein des Erdmagnetismus kann sich jeder von uns überzeugen, wenn er einen Blick auf die Kompaßnadel wirft. Der Kompaß ist in der fernen Vergangenheit in China erfunden worden und dient bis heute redlich zur Orientierung auf dem Festland, auf See und in der Luft. Maßeinheit der magnetischen Feldstärke ist Tesla (T). Die heutigen Magnetometer, also Geräte zur Messung des geomagnetischen Feldes, weisen eine hohe Genauigkeit auf.

Die Lage der Magnetpole der Erde stimmt mit den Koordinaten der geographischen Pole nicht überein. Die Nordspitze der Magnetnadel wird von dem Pol angezogen, der sich derzeit auf der Prince of Wales-Insel im Norden Kanadas befindet (73° n. Br. und 100° w. L.), das mit Süd gekennzeichnete Nadelende weist nach dem Pol, der sich im australischen Sektor der Antarktis befindet (68° s. Br. und 134° ö. L.). Die Stärke des geomagnetischen Feldes ist maximal an den Magnetpolen ($0{,}7 \cdot 10^{-4}$ T im Süden und $0{,}6 \cdot 10^{-4}$ im Norden) und minimal am Äquator ($0{,}42 \cdot 10^{-4}$ T).

Die magnetische Kompaßnadel weist immer auf den Magnetpol. Will man also den exakten Standort des geographischen Nordpols ermitteln, muß man eine Korrektur um den Wert der Mißweisung, der magnetischen Deklination, der Kompaßnadel vornehmen.

Woraus erklärt sich nun dieses interessante Phänomen, das Magnetfeld der Erde? Nach der gängigen Meinung entspricht der Erdkern, vereinfacht dargestellt, einem magnetischen Dipol, ähnlich einem Stabmagneten mit entgegengesetzt polarisierten Enden. Man hat nachgewiesen, daß sich das irdische Magnetfeld von Zeit zu Zeit umkehrt. Der Nordpol wird dann zum Südpol und umgekehrt. Die Zeiträume mit relativ konstanten Pol-Lagen werden auf 700 000 bis 1,5 Millionen Jahre geschätzt.

Schon lange ist bekannt, daß in der Tiefe der Erde Wärme freigesetzt wird. Vom Bestehen einer großen Wärmequelle im Inneren der Erde zeugen die Vulkanausbrüche, bei denen heiße Lava mit einer Temperatur über 1500 °C an die Erdoberfläche gelangt. Messungen in tiefen Bohrlöchern und Bergwerken haben gezeigt, daß die Temperatur mit zunehmender Tiefe nach einer bestimmten Gesetzmäßigkeit ansteigt, die man als den geothermischen Gradienten bezeichnet. Er besagt, daß die Temperatur pro 1 km Tiefe um 30 °C zunimmt.

Der Wärmefluß beträgt auf dem Festland $(1{,}2 \div 1{,}6) \cdot 10^{-6}$ $J/cm^2 \cdot s$. Ähnliche Werte gelten auch für die Ozeanböden. Die niedrigsten Werte wurden in den zentralen Teilen der Kontinente nachgewiesen, wo auch die ältesten Gesteine auftreten, während die Höchstwerte für die Gebiete aktiver Vulkantätigkeit gelten. Noch höhere Werte hat man entlang der Achsen der mittelozeanischen Rücken — der ausgedehnten langgestreckten Gebirgssysteme auf dem Grund des Weltmeeres — gemessen.

Der Schalenaufbau der Erde

Unsere heutige Erde besteht aus mehreren sehr unterschiedlich zusammengesetzten Schalen, die man auf Grund ihrer Kugelform als Geosphären bezeichnet: Atmosphäre, Hydrosphäre, Biosphäre und Lithosphäre (Erdkruste). Unter der Lithosphäre befinden sich in größerer Tiefe der Erdmantel und darunter der Erdkern.

Die Atmosphäre ist die äußere Gashülle, die von unten durch die feste bzw. von den Weltmeeren eingenommene Erdoberfläche begrenzt wird. Zur Zeit enthält die Erdatmosphäre $5{,}3 \cdot 10^3$ Billionen Tonnen Luft, was ein Millionstel der Gesamtmasse der Erde ausmacht. Der Luftdruck in Meereshöhe beträgt $1{,}013 \cdot 10^5$ Pa, die Dichte beläuft sich auf $1{,}3 \cdot 10^{-3}$ g/cm^3.

Die Atmosphäre der Erde setzt sich aus Stickstoff (78,09 %), Sauerstoff (20,94 %), Argon (0,93 %), Kohlendioxid (0,033 %) und daneben aus den nur untergeordnet vertretenen Gasen Neon, Helium, Methan, Xenon, Krypton, Wasserstoff u. a. zusammen. Außerdem enthält die Luft thermodynamisch aktive Beimengungen. An erster Stelle ist dabei der Wasserdampf mit etwa 12,4 Billionen Tonnen zu nennen. Der Wasserdampf kann kondensieren und wird dann von uns als Wolken und Nebel wahrgenommen. Die Partikeln des Wasserdampfs, insbesondere die Wolkendecke, sorgen für eine Umwandlung der kurz- und langwelligen Strahlung in der Atmosphäre. Sie sind es auch, die zusammen mit Kohlendioxid das Entstehen des Treibhauseffekts bewirken: Die Atmosphäre läßt die Sonnenstrahlen ungehindert bis zur Erdoberfläche vordringen, absorbiert jedoch die von der Erde reflektierte Strahlung, die schließlich wieder auf die Erdoberfläche zurückgestrahlt wird.

Andere thermodynamisch aktive Bestandteile der Atmosphäre sind Kohlendioxid, Ozon und die diversen kleinsten Schwebstoffe, die man unter dem Sammelbegriff Aerosol zusammenfaßt. Das Kohlendioxidgas spielt bei der Entwicklung des Treibhauseffekts eine bedeutende Rolle.

Das Ozon ist in der Atmosphäre in sehr geringem Maße enthalten, mit einem Anteil von einem Millionstel, es hat aber eine sehr große Bedeutung für die Entwicklung des Lebens auf der Erde. Es ist vorwiegend in einer Höhe zwischen 17 bis 25 km angereichert, wo es als Produkt fotochemischer Reaktionen unter dem Einfluß ultravioletter Strahlen aus molekularem Sauerstoff entsteht. Die gesamte, für alle lebenden Organismen tödliche, Ultraviolettstrahlung der Sonne wird vom Ozonschirm absorbiert, der damit alles Leben auf dem Festland und auf der Meeresoberfläche schützt. Auch die Wasseroberfläche absorbiert die ultravioletten Strahlen, und so ist es zu erklären, daß vor Hunderten Millionen von Jahren, als es den schützenden Ozonmantel noch nicht gab, in den Tiefen der Meere und Ozeane das Leben entstehen und sich entwickeln konnte.

Aerosole streuen, reflektieren und absorbieren die Sonnenstrahlen. Ihre Bedeutung für die Erde ist demnach von zweierlei Art. Einerseits hindert es die Sonenwärme daran, bis zur Erdoberfläche vorzudringen, andererseits entsteht bei der Absorption des Sonnenlichtes Strahlung im infraroten Spektralbereich, die damit den Treibhauseffekt fördert.

Nach der Temperaturverteilung unterscheidet man in der Atmosphäre mehrere Schichten. Die mittlere Lufttemperatur an der Erdoberfläche beträgt + 14,3 °C. In der Troposphäre (unterste Schicht der Atmosphäre) laufen die wetterbildenden Prozesse ab. Die Troposphäre reicht in außertropischen Regionen bis in Höhen von 8 bis 12 km, in der Äquatorzone und in den Tropen von 16 bis 17 km. Die Luft in der Troposphäre bezieht ihre Wärme von der Erdoberfläche, sie kühlt deshalb mit zunehmender Höhe ab — pro Kilometer Höhenzunahme sinkt die Temperatur im Schnitt um 6 bis 6,5 °C. Hier bilden und entwickeln sich die atmosphärischen Wirbel, darunter die Zyklonen und Antizyklonen (Tief- und Hochdruckgebiete). In der Troposphäre ist fast der gesamte Wasserdampf konzentriert, so daß es hier zu Entstehung der Wolken kommt.

Darüber befindet sich die Stratosphäre; diese Luftschicht beginnt bei 8 bis 17 und reicht bis in 50 bis 55 km Höhe. Auch hier entstehen starke atmosphärische Wirbel, und der horizontale Luftaustausch wird von auf- und absteigenden Strömungen begleitet.

Kennzeichnend für die Stratosphäre ist der Temperaturanstieg um 1 bis 2 °C pro Kilometer zunehmender Höhe. An der oberen Grenze der Stratosphäre beträgt die Temperatur 0 °C und reicht oftmals auch über diesen Wert. In der Stratosphäre ist die Ozonschicht gelegen. Ihre höchste Ozon-Konzentration entfällt auf die Höhe 18 bis 24 km.

Die Mesosphäre beginnt bei 50 bis 55 und endet bei 80 km Höhe. Hier nimmt die Temperatur wieder um 2—3 °C pro Kilometer ab und erreicht an der Obergrenze Werte von – 60 bis – 100 °C.

In der nächsten Schicht — der Thermosphäre — nimmt die Temperatur erneut zu. In 100 km Höhe durchläuft sie die Nullmarke und erreicht bei 150 bis 200 km den Wert von + 500 °C. An der oberen Grenze, also in etwa 800 km Höhe, herrschen bereits + 2000 °C. Hier kommt es zur intensiven Absorption des ultravioletten Anteils der Sonnenstrahlen und damit zur Erwärmung und Ionisierung dieser Schichten. Dabei bilden sich sowohl in der Mesosphäre als auch im unteren Teil der Termosphäre solche elektrisch geladene Ionen. Deshalb wird die Schicht von 60 bis 400 km Höhe gewöhnlich als Ionosphäre bezeichnet.

Die Masse der Hydrosphäre macht $1{,}46 \cdot 10^6$ Billionen Tonnen aus. Das ist das 275fache der Masse der Atmosphäre, jedoch nur 1/4000 der Gesamtmasse der Erde. Rund 94 % der Masse der Hydrosphäre entfallen auf die Weltmeere, 4 % bilden das Grundwasser, fast 1,8 % sind in den Gletschern der Antarktis und Grönlands akkumuliert; Gebirgsgletscher, die Flüsse und Seen besitzen einen Anteil von weniger als 0,2 %.

Das Weltmeer überdeckt 70,8 % der Erdoberfläche, seine mittlere Tiefe beläuft sich auf 3880 m. Die Kontinente werden von einer Flachwasserzone mit Tiefen bis 200 m umsäumt — sie entspricht dem Festlandsockel (Kontinentalschelf) und nimmt etwa 8 % von der Fläche des Weltmeeres ein. Der Meeresboden in Tiefen über 3 km umfaßt mehr als 77 % der gesamten Meeresfläche. Die größte Tiefe wurde im Pazifik im Gebiet des Marianengrabens mit 11 023 m ermittelt.

Auf dem Grund der Ozeane ragen einzelne große Plateaus, Tiefseeberge und langgestreckte Bergrücken heraus. Die letztgennanten, die man als mittelozeanische Rücken bezeichnet, bilden eine fortlaufende weltweit zusammenhängende Gebirgskette mit einer Länge von über 60 000 km. Diese Schwellen erheben sich über dem Meeresboden um 3 bis 4 km und hemmen damit die Tiefenzirkulation des Ozeanwassers.

Im Meerwasser ist eine ungeheure Menge an chemischen Elementen und Verbindungen gelöst, die in einer Lösung bekanntlich zu positiven und negativen Ionen dissoziieren, welche man entsprechend als Kationen und Anionen bezeichnet. Die wichtigsten Kationen sind Natrium, Magnesium, Kalzium, Kalium und Strontium, zu den wichtigsten Anionen zählen Cl^-, SO_4^{--}, HCO_3^- und Br^-.

Auch eine gewisse Menge Gase ist im Meerwasser nachzuweisen. Im gesamten Ozean unserer Erde sind 140 Billionen Tonnen Kohlendioxid (60mal mehr als in der Atmosphäre) und 8 Billionen Tonnen Sauerstoff enthalten.

Die oberste Schicht der Lithosphäre (Bild 2.3) ist die Erdkruste. Sie ist durch die Mohorovičić-Diskontinuität vom darunter liegenden Mantel getrennt. An dieser Grenzschicht nimmt die Ausbreitungsgeschwindigkeit der seismischen Wellen sprunghaft zu. Man unterscheidet innerhalb der Erdkruste zwei Haupt-

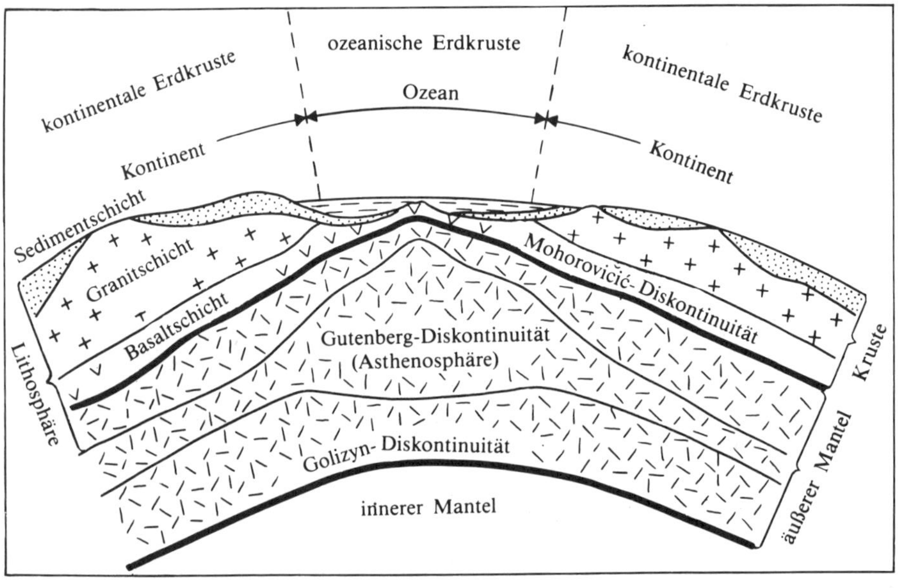

2.3 Schematische Darstellung des Aufbaus der irdischen Lithosphäre. Die Erdkruste ist unter den Kontinenten und unter den Ozeanen unterschiedlich aufgebaut. Im Zentralbereich der Ozeane erheben sich die mittelozeanischen Schwellen mit den zentral gelegenen tektonischen Scheitel-Gräben.

typen: die kontinentale Kruste, aus der im wesentlichen die Kontinente bestehen, und die ozeanische, die überwiegend den Meeresgrund bildet. Die kontinentale Kruste ist viel älter — einige Bereiche sind über 3,8 Milliarden Jahre alt, während die ozeanische Kruste Alter von wenig als 150 Millionen Jahre aufweist. Die mittlere Dicke der kontinentalen Kruste beträgt 25 bis 75 km, die ozeanische Kruste ist wesentlich dünner.

Den oberen Teil der kontinentalen Kruste besteht aus Sedimentgesteinen, die eine Mächtigkeit von etwa 3 km erreichen und deren mittlere Dichte bei 2,5 g/cm³ liegt. Die Ausbreitungsgeschwindigkeit der seismischen Wellen schwankt hier zwischen 2 und 5 km/s. Darunter liegt die aus Granit aufgebaute Schicht mit einer mittleren Dicke von etwa 17 km. Ihre Dichte beträgt 2,6 bis 2,8 g/cm³, und die Wellengeschwindinkeit beträgt hier 5,5 bis 6,5 km/s. In dieser Schicht ist die Hauptmasse der radioaktiven Elemente und Verbindungen konzentriert. Darunter befindet sich die Basaltschicht mit einer mittleren Mächtigkeit von 15 km und einer Dichte von 2,9 bis 3,3 g/cm³ und der Ausbreitungsgeschwindigkeit der seismischen Wellen von 6,4 bis 7,3 km/s.

Ganz anders sieht ein Schnitt durch die ozeanische Kruste aus. Unter einer Schicht unverfestigter Sedimente mit einer mittleren Mächtigkeit von nur 0,7 km und mit Wellengeschwindigkeiten von 1,5 bis 1,8 km/s liegen zwei Schichten. Die erste, etwa 1,7 km dicke Schicht besteht vorwiegend aus Basalt, während die darunter liegende Schicht, die rund 5 km mächtig ist und die eine Ausbreitungsgeschwindigkeit von ungefähr 6,7 km/s zeigt, aus Serpentiniten besteht — durch Wassereinwirkung umgewandelte ultrabasische Gesteine.

Für die ozeanische Erdkruste sind spezifische Reliefformen typisch. Das sind die mittelozeanischen Rücken, in deren zentralem Bereich tektonische Gräben eingebrochen sind, langgestreckte Senken mit steilen Wänden. Eine andere interessante Erscheinungsform sind die Tiefseegräben, die meist nur wenige Kilometer breit sind, jedoch mehrere hundert Kilometer Länge erreichen. Solche Tiefseegräben liegen meist am Rande der Ozeane und trennen dort sozusagen die ozeanischen Krustenbereiche von den Inselbögen. Beispiele hierfür sind der Kurilen-Kamtschatka- und der Aleuten-Graben.

Zu nennen ist noch der als Biosphäre bezeichnete Teil der Erdhülle. Sie ist ein globales System mit der Fähigkeit zur Selbstregulierung. Das System besitzt einen eigenen „Input" und „Output". Den Input bildet der Strom der aus dem Weltraum einfallenden Sonnenenergie, als Output sind die Produkte, die bei der Lebenstätigkeit der Organismen entstehen. Als Obergrenze der Biosphäre ist der Ozonschirm zu nennen, der die für das Leben tödlichen ultravioletten Strahlen absorbiert. Die Selbstregulierung wollen wir am Beispiel des Weltmeeres deutlich machen. Jährlich werden von den Flüssen rund 1,5 Millionen Tonen gelösten Kalziumkarbonats sowie eine große Menge anderer Elemente und Verbindungen in den Ozean eingebracht, und doch bleibt der Salzgehalt des Meerwassers unverändert. Für diese Konstanthaltung sorgen die Meeresorganismen, die das Kalziumkarbonat für den Aufbau ihres Skeletts benutzen und dabei den gesamten Kalküberschuß aufbrauchen. Nach dem Absterben der Organismen sinken ihre Muscheln auf den Meeresgrund und werden dort im Sediment eingebettet.

Die untere Grenze der Biosphäre ist recht fließend. Organismen sind bis in die Tiefen des Ozeans anzutreffen. Selbst in dem tiefen Marianengraben konnten lebende Organismen nachgewiesen werden. Nicht nur Bakterien, sondern auch verschiedene Mikroorganismen dringen durch Spalten und Poren in der Sedimentschicht bis in die Basaltschicht des Ozeans oder in die Granitschicht der Kontinente ein. Diese Schichten dürften also als untere Grenze der Biosphäre angesehen werden.

In der derzeitigen Biosphäre leben etwa 2 Millionen Arten von Organismen mit jeweils vielen Millionen Individuen.

Bei Untersuchungen zum Einfluß der Organismenwelt auf die Entwicklung unseres Planenten kam Wladimir Wernadski zu dem Ergebnis, daß den Organismen bei allen geologischen Prozessen im Bereich der Erdoberfläche und bei der Bildung der Atmosphäre eine wesentliche Bedeutung zukommt.

Der Aufbau des Erdinneren

Was würden wir erblicken, könnten wir unsere Erdkugel in der Mitte spalten? Unserem Blick würde sich eine Kugel darbieten, die aus mehreren konzentrischen Schalen besteht. Besonders deutlich wären die drei Geosphären Lithosphäre, Mantel und Kern zu unterscheiden.

Den Gedanken vom Schalenaufbau unseres Planeten hatte der Göttinger Gelehrte Emil Wiechert Ende des 19. Jahrhunderts geäußert. Anfang des 20. Jahrhunderts schlug der österreichische Geologe Eduard Sueß vor, fünf Schalen auszugliedern, die nach jeweils vorherrschenden Elementen zu benennen seien. So kam es zu den Schalenbezeichnungen Sial (Si + Al), Sima (Si + Mg), Chrofesima (Cr + Fe + Si + Mg), Nifesima (Ni + Fe + Si + Mg) und Nife (Ni + Fe).

Erst später erfuhr die Theorie vom Schalenaufbau des Erdinneren ihre wissenschaftliche Bestätigung. Tiefe Bohrlöcher und Gruben bieten den Geologen lediglich die Möglichkeit, den obersten, extrem dünnen Teil der Lithosphäre zu erforschen. Als Rekordtiefe galt lange Zeit die des Bohrlochs im US-Staat Oklahoma mit 9583 m. Zur Zeit läuft in der Sowjetunion ein Programm der Erderkundung mittels übertiefer Bohrungen. Auf der Halbinsel Kola im Norden der UdSSR wurde das erste Bohrloch von über 12 km Tiefe niedergebracht.

Bergwerke reichen aus verständlichen Gründen nicht so tief. Die größte Tiefe von 3428 m erreichte ein Schacht in Südafrika. Auf den mittleren Radius der Erde bezogen, ist selbst das allertiefste Bohrloch lediglich mit einem Nadeleinstich in die dicke Haut eines Flußpferdes zu vergleichen.

Wie werden nun aber die Schichten des Erdinneren von den Geologen erkundet? Hier kommen spezielle geophysikalische Geräte und Methoden zur Anwendung. An erster Stelle sind dabei seismische Verfahren zu nennen. Ihnen liegt folgendes Prinzip zugrunde. Auf der Oberfläche der Erde werden durch Sprengung künstlich elastische Wellen erzeugt, die sich in das Innere der Erde fortpflanzen. Je dichter das Ausbreitungsmedium ist, desto höher ist die Geschwindigkeit der Wellen; in flüssigen Medien breiten sich diese Schwingungen so gut wie nicht aus. Beim Passieren der Grenzfläche zwischen zwei Medien mit unterschiedlicher Dichte werden die seismischen Wellen zum Teil reflektiert, und sie kehren an die Erdoberfläche zurück, wo man sie mit empfindlichen Meßgeräten registriert. Aus diesen reflektierten Wellen kann man die Tiefenlage der Grenzschicht und sogar die physikalische Beschaffenheit des Materials ermitteln.

Über den Aufbau des obersten Teils der Lithosphäre — der Erdkruste — sprachen wir bereits. Wir wollen ins Gedächtnis zurückrufen, daß die kontinentale Kruste aus drei Schichten besteht: Sediment-, Granit- und Basaltschicht. Im Bereich der ozeanischen Kruste fehlt die Granitschicht, und die Basaltschicht ist viel dünner als unter den Kontinenten.

Die Erdkruste ist von der darunter liegenden Schicht durch eine Grenzfläche (Moho-Diskontinuität) getrennt, an der die Wellengeschwindigkeit abrupt ansteigt. In größerer Tiefe dürften die Basalte in geschmolzenem Zustand vorliegen. Diese zähflüssige Schicht unter der Lithosphäre, deren Material entweder am Schmelzpunkt liegt oder bereits flüssiges Material von niedrig schmelzenden Gesteinskomponnenten enthält, wird als Asthenosphäre bezeichnet. Da die Asthenosphäre plastisch reagiert, können die auflagernden starren Festlandsblöcke (Lithosphärenplatten) über sie hinweg bewegt werden. Ihre Existenz war von B. Gutenberg nachgewiesen worden, der Anzeichen dafür fand, daß die Geschwindigkeit der Erdbebenwellen in einer Tiefe von etwa 60 km zurückging, nachdem sie zuvor von der Erdoberfläche nach der Tiefe zu rasch abgestiegen war. Deshalb bezeichnet man die Asthenosphäre gelegentlich auch als Gutenberg-Diskontinuität. Unter den Kontinenten liegt die Asthenosphäre in einer Tiefe von 120 bis 250 km, unter den Ozeanen zwischen 30 und 60 km. Doch unter den Zentralzonen der mittelozeanischen Rücken erreicht sie mitunter fast die Oberfläche des Meeresbodens.

Die unter der Asthenosphäre liegende Schicht reicht bis in Tiefen von etwa 400 km. Bei Passieren dieser Grenze nimmt die Geschwindigkeit der seismischen Wellen drastisch zu. Diese Schicht wird zusammen mit der Asthenosphäre und mit dem unter der Erdkruste liegenden Teil der Lithosphäre als oberer Erdmantel bezeichnet. Er besteht, wie die Geophysiker annehmen, aus festen dichten Gesteinen — möglicherweise aus Peridotiten, Duniten und Eklogiten.

Der mittlere Mantel, oder die Golizyn-Schicht, erstreckt sich bis zur Tiefe von 1000 km. In dieser Schicht ist bei 700 km Tiefe eine weitere Zunahme der Wellengeschwindigkeit zu beobachten. Dieses Phänomen wird mit einer weiteren Dichtezunahme der Materie in Zusammenhang gebracht. An der unteren Grenze der Golizyn-Schicht nehmen die Ausbreitungsgeschwindigkeiten der seismischen Wellen wieder ab.

Der untere Erdmantel reicht bis zur Tiefe von 2920 km. Ihm schließt sich der Erdkern an.

Der obere Teil des Erdmantels, bis zu einer Tiefe von 4980 km, umfaßt 15,16 % des Volumens und 29,8 % der Masse der gesamten Erde. Er ist für die Longitudinalwellen (Längswellen) durchlässig, verhindert jedoch die Ausbreitung von Transversalwellen (Scherwellen). Daraus wird gefolgert, daß diese Schicht in flüssigem Zustand vorliegen muß. Eine indirekte Bestätigung für diese Annahme liefern die Gezeitenschwingungen im Erdinneren. Nachgewiesen wurden Schwingungen der Erde in bezug auf ihre Drehachse mit einer Periode von etwa 1,2 Jahren.

Der innere Kern besitzt einen Radius von 1250 km, der nimmt ungefähr 0,7 % des Volumens und 1,2 % der Masse der gesamten Erde ein. Die seismischen Longitudinalwellen passieren den Kern mit einer Geschwindigkeit von 11,1 bis 11,4 km/s. Da auch der Durchlauf von Transversalwellen registriert worden ist, kann angenommen werden, daß der innere Teil des Erdkerns aus einem festen Körper besteht, der sich nahe am Schmelzpunkt befinden muß.

Unsere Erde ist demnach ein überaus kompliziertes System. Sie ist eine um ihre Achse rotierende und die Sonne umkreisende dickwandige Kugel mit einem flüssigkeitsgefüllten Hohlraum, in dessen Zentrum ein kleiner kugelförmiger fester Kern liegt, der durch Gravitationskräfte in seiner Position gehalten wird.

Inwieweit stimmen diese aus den Wellengeschwindigkeiten abgeleiteten Vorstellungen vom Aufbau des Erdinneren mit der Wirklichkeit überein? Um das herauszufinden, müßte die Erdkruste bis an ihre Basis durchbohrt werden. Das ist durchaus möglich, schließlich gibt es auf der Erde Regionen, wo die Moho-Diskontinuität in einer Tiefe von nur 5 bis 10 km lagert. Für moderne Bohranlagen ist dies kein Problem.

Bis zum geheimnisvollen Erdmantel vorstoßen. Diese schwierige Aufgabe hatten sich die Geologen gestellt. Doch fürs erste wollten sie in die Basaltschicht hineinbohren. Denn man nahm an, daß sie nicht nur in den Ozeanen, sondern auch in bestimmten Räumen der Kontinente bis nahe an die Oberfläche heranreicht. So entschied man sich für die Halbinsel Kola, wo man dann auch die in der Welt erste übertiefe Bohrung angesetzt hat.

Das Kola-Bohrloch ist schon von den Außenanlagen her beeindruckend. Das Bauwerk über der Bohrung gleicht einem hohen Fabrikgebäude. Es ist tatsächlich eine ganze Fabrik — mit ihren Einrichtungen für das Einbauen und Ziehen der kilometerlangen Bohrgestänge aus Spezialstahl. Das Bohren und Auswechseln des Bohrwerkzeugs wird elektronisch gesteuert. Das Bohrloch hat eine große Teufe erreicht, dies allein ist schon eine beachtenswerte technische Leistung.

Die Bohrergebnisse waren recht überraschend. Dort, wo von den geophysikalischen Erkenntnissen her aus der abrupten Veränderung der Wellengeschwindigkeit Basaltschicht vermutet worden war, durchstieß das Bohrloch helle archaische Gneise. Das sind durch Druck und Temperatur stark veränderte, d. h. metamorphe Gesteine sedimentärer oder vulkanischer Herkunft mit hohem Kieselsäuregehalt. Sie sind, was entscheidend ist, einer der Hauptbestandteile der Granitschicht. Das Bohrloch erreichte eine Tiefe von über 12 km, doch Basalte wurden nicht durchfahren. Ist dies ein neues geologisches Paradoxon? Basaltgesteine unter der Granitgneisschicht, die man anhand der Wellengeschwindigkeit mit Sicherheit vorausgesagt hatte, fehlten. Spurlos verschwunden war der Leithorizont, aus dem die Geophysiker ihre Schlußfolgerungen gezogen hatten. Sollten also alle Annahmen der Geologen und der Geophysiker über den Aufbau der tiefen Bereiche der Erdkruste falsch sein? Nein, so ist es nicht. Nur hat das übertiefe Bohren noch einmal vor Augen geführt, wie kompliziert die Naturprozesse geartet und wie verworren die Tiefen unseres Planeten aufgebaut sind. In diesem Fall resultierte die drastische Veränderung der Wellengeschwindigkeit nicht aus dem Übergang von einer Granit- zu einer Basaltschicht, sondern aus der in großen Tiefen auftretenden Abnahme der Gesteinsdichte — aus einer Auflockerung der Gesteine infolge von Rißbildungen, die entstehen, wenn aus den Kristallgittern der Mineralien unter dem Einfluß hoher Drücke und Temperaturen Wasser freigesetzt wird.

Die Ergebnisse der Erkundungsbohrungen veranlassen zur Skepsis bei der geologischen Interpretation von Daten der geophysikalischen Untersuchungen. Es gilt zu berücksichtigen, daß erhöhte Ausbreitungsgeschwindigkeiten der seismischen Wellen in der Tiefe von verschiedenen Ursachen herrühren können. Nicht nur eine Zunahme der Gesteinsdichte spielt hierbei eine Rolle, sondern darüber hinaus die auch in großer Tiefe noch vorhandenen tektonischen Klüfte und Spalten. Ins Gewicht fallen hier nicht nur die höheren Gesteinsdichten, sondern auch diverse, über längere Zeit in großen Tiefen bestehende tektonische Unregelmäßigkeiten. Am Bohransatzpunkt war die Dichte der Gesteine durch flach einfallende Kluftsysteme beeinflußt. Durch Bewegungen an diesen Flächen hatten sich die Gesteinsmassen stark verdichtet, und dies bewirkte die Veränderung der Wellengeschwindigkeit.

Die Bohrergebnisse widerlegten die gängige Ansicht von der Temperaturverteilung in den tieferen Bereichen der Erde. Früher nahm man an, daß auf dem Baltischen Schild und in ähnlichen Regionen die Temperatur mit der Tiefe nur unbedeutend zunehme. Man rechnete mit 50 °C bei einer Teufe um 7 km und mit 100 °C in 10 km. In Wirklichkeit war die Temperatur wesentlich höher. Bis zur Tiefe von 3 km stieg sie, wie erwartet, alle 100 m um 1 °C an. Doch danach betrug die Temperaturzunahme 2,5 °C pro 100 m, so daß in 10 km Tiefe eine Temperatur von 180 °C herrschte. Es ist anzunehmen, daß dieser starke Anstieg der Temperatur auf den intensiven Wärmestrom aus dem heißen Erdmantel zurückzuführen ist.

In Tiefen von 6,5 bis 9,5 km wurden Zonen mit einer hydrothermalen Tieftemperatur-Vererzung (Kupfer-, Blei-, Zink- und Nickelerze) durchfahren, für die früher oberflächennahe Bildungen gedeutet wurden. Beim Abteufen der übertiefen Kola-Bohrung wurden Gase und hoch mineralisierte Wässer, gesättigt mit Brom, Jod und Schwermetallen, angetroffen. An Gasen waren Helium, Wasserstoff, Stickstoff und Methan nachzuweisen. Das Wasser und die Gase zirkulieren auf großen tektonischen Störungszonen. Die gewonnenen Erkenntnisse haben gezeigt, daß die erzbildenden Prozesse, an denen Gase und mineralisierte Wässer beteiligt sind, in großen Tiefen fortdauern.

Zur Erforschung der Tiefenstruktur der Erde sollten geologische Untersuchungen mit übertiefen Bohrungen mit diversen geophysikalischen Beobachtungen kombiniert werden. Man plant, auf dem Territorium der UdSSR eine große Zahl übertiefer Forschungsbohrungen niederzubringen, von denen einige die Mohorovičić-Diskontinuität erreichen sollen. Dies bedeutet, daß in der nahen Zukunft neue Erkenntnisse über den Aufbau des Erdinneren zu erwarten sind.

3. Die Herkunft der Erde und die Entwicklung des Erdinneren

Über die Entstehung unseres Planeten hatten sich die Philosophen schon im Altertum Gedanken gemacht. Die ersten Vorstellungen fußten zwar auf unmittelbaren Beobachtungen der Natur, doch geprägt waren sie meistenteils von phantastischen Irrealitäten. Dennoch setzen uns Ideen in Erstaunen, die auch unseren heutigen Vorstellungen von der Herkunft der Erde sehr nahekommen.

Dem Mittelalter mit seiner theologisch gefärbten Denkweise folgte die Wiederbesinnung auf die Natur und die weltlichen Werte, die stürmische Entwicklung von Wissenschaft und Technik. Die Arbeiten eines Leonardo da Vinci, Nikolaus Kopernikus, Giordano Bruno, Galileo Galilei bereiteten den Boden für fortschrittliche kosmogonische Auffassungen. Und sie wurden zu unterschiedlichen Zeitpunkten von Rene Descartes, Isaac Newton, Immanuel Kant und Pierre Laplace fortgeführt.

Die Geburt der Erde

Seit der Veröffentlichung der kosmogonischen Theorien von Kant und Laplace ist die Entstehung des Sonnensystems Gegenstand nicht verstummender Diskussionen. Lange Zeit blieb die Hypothese von der Kondensation der Planeten aus glühenden Klumpen von Sonnengasen die beherrschende Denkweise. Heute wird vorausgesetzt, daß am Anfang überhaupt nichts existierte. Der Raum, die Zeit und die Materie unseres Universums sind vor etwa 15 Milliarden Jahren als Ergebnis der Großen Explosion entstanden. Mit der Ausdehnung und der Abkühlung des Universums kam es zur Verdünnung der Materie, und danach bildeten sich aus gigantischen Nebeln Sterne und Galaxien. Unser Planetensystem entstand aus einer kalten Gas-Staub-Wolke, die in der fernen Vergangenheit die Sonne umgab. Die Atome, aus der die Materie unserer Sonne und die Planeten bestehen, entstanden bei der Explosion von Supernovae, und eine Vielzahl solcher Explosionen erfolgten in unserer Galaxis über einen Zeitraum von zumindest 10 Milliarden Jahre.

Sehr wertvoll für die wissenschaftliche Formulierung von Hypothesen über die Herkunft unseres Planeten sind die Meteoriten — die Fremdlinge aus dem fernen All. Durch Untersuchung der Stein- und Eisenmeteoriten gewinnen die Forscher unschätzbare Informationen für ihre kosmogonischen Modelle. Inzwischen sind Angaben über die chemische Zusammensetzung der Gesteine des Mondes, der Atmosphäre und der Gesteine des Mars sowie der Venus hinzugekommen. Es hat sich herausgestellt, daß sich die chemische Zusammensetzung von Meteoriten und Erde weitgehend entsprechen und daß auch ihr Alter, wie auch das Alter der Mondgesteine, auf 4 bis 5 Milliarden Jahre geschätzt werden kann.

Die einzelnen Bausteine an neuen Fakten und Erkenntnissen fügten sich zur wissenschaftlichen Basis der modernen kosmogonischen Hypothesen zusammen. Einen nennenswerten Beitrag zur Fundierung der heutigen Hypothese über die Herkunft der Erde und des Sonnensystems hat der sowjetische Geologe Otto Schmidt geleistet.

Ausgangsstoff für die Bildung des Sonnensystems war eine Gas-Staub-Wolke. Sie befand sich in kaltem sehr verdünntem Zustand und enthielt vorwiegend flüchtige Komponenten: Wasserstoff, Helium, Stickstoff, Sauerstoff, Methan, Kohlenstoff usw. Die ursprüngliche Materie der Planeten war homogen und wies eine niedrige Temperatur auf.

Infolge der Gravitationskräfte begannen die interstellaren Wolken zu kondensieren. Die Materie verdichtete sich bis zum Stadum des Sternzustands, gleichzeitig nahm ihre innere Temperatur zu. Die Bewegung der Atome innerhalb der Wolke erfuhr eine Beschleunigung, die Atome stießen häufiger zusammen und vereinten sich mitunter. Es kam zu thermonuklearen Reaktionen, in deren Verlauf Wasserstoff zu Helium verschmolz und riesige Energiemengen freigesetzt wurden.

Unter ungeheuerem Dröhnen und gewaltigen Explosionen, die mit den Fusionsreaktionen einhergingen, im unbezwingbaren Wüten der Elemente ward die erste Form der Sonne — die Protosonne — geboren. Diese Geburt war das Aufflammen einer Supernova, bei dem eine gigantische Energie abgestrahlt wird. Aus der protoplanetaren Wolke entstanden im weiteren die Planeten, die Kometen, die Asteroiden und die anderen Himmelskörper unseres Sonnensystems. Die Geburt der Protosonne und der protoplanetaren Wolke, die eine beachtlich hohe Temperatur aufwiesen, erfolgte vor ungefähr 6 Milliarden Jahren.

Mehrere hundert Millionen Jahre benötigte die protoplanetare Wolke zur Abkühlung. Aus der heißen dampfähnlichen Wolke kondensierten schwerschmelzbare Elemente — Wolfram, Titan, Hafnium, Niob, Molybdän, Platin u. a. Es entstanden staubförmige feste Partikel, und die zuvor glühende Wolke wurde wieder relativ kalt.

Vor ungefähr 5,5 Milliarden Jahren entstanden aus der kalten Planetenmaterie die ersten Planeten, unter ihnen auch die primitive Erde. Zu dieser Zeit war sie ein kosmischer Körper, noch kein Planet, sie besaß weder Kern noch Mantel und nicht einmal feste Krustenbereiche der Oberfläche. Die Protoerde stellte eine kalte Zusammenballung kosmischer Materie dar. Unter dem Einfluß der Gravitationskräfte, der Temperaturerhöhung infolge ständigen Aufprallens von Himmelskörpern (Kometen und Meteoriten) und der Freisetzung von Wärme durch radioaktive Elemente kam es zur Erwärmung der Oberfläche der Protoerde. Über das Ausmaß dieser Aufheizung herrscht bei den Forschern keine einheitliche Meinung. Der sowjetische Wissenschaftler W. Fessenkow nimmt an, daß die Materie der Protoerde sich bis auf 10 000 °C erhitzt habe und dadurch in flüssigen Zustand übergegangen sei. Nach Ansicht anderer Forscher hatte die Temperatur höchstens 1000 °C erreicht (einige von ihnen schließen sogar das Schmelzen der Materie aus).

Die Differenzierung der Protoerde-Materie führte zur Konzentration der schweren Elemente in den inneren Bereichen, während die leichteren an der

Oberfläche blieben. Dies bestimmte wierderum die weitere Untergliederung in den Erdkern und den Erdmantel.

Gleich nach ihrer Entstehung besaß die Erde keine Atmosphäre. Das erklärt sich daraus, daß die Gase aus der protoplanetaren Wolke in den ersten Bildungsstadien verlorengingen, denn die Masse der Erde vermochte es damals noch nicht, die leichten Gase an ihre Oberfläche zu binden.

Die Entstehung des Kerns und des Mantels und danach auch der Atmosphäre bildete den Abschluß des ersten Entwicklungsstadiums der Erde — des vorgeologischen oder astronomischen Stadiums. Die Erde war nun ein fester Planet. Und ab diesem Zeitpunkt begann ihre lange geologische Evolution.

Vor 4 oder 5 Milliarden Jahren herrschten also auf der Erdoberfläche der Sonnenwind, die sengenden Strahlen der Sonne und die kosmische Kälte. Die Oberfläche wurde ständig von Himmelskörpern getroffen — von kleinsten Staubkörnchen bis zu großen Asteroiden. Im Inneren des Planeten liefen stürmische thermonukleare und chemische Reaktionen ab. Energie wurde vorwiegend infolge des radioaktiven Zerfalls, der gravitativen Differentiation und verschiedener Phasenübergänge der Materie freigesetzt, die unter hohen Drücken abliefen.

Gravitative Differentiation

Haupttriebkraft für die Schichtung der irdischen Materie und für die Freisetzung von Wärme war, neben dem radioaktiven Zerfall, die gravitative Differentiation. Dabei sanken die Stoffe mit höherer Dichte und Masse in die Tiefe, während die leichten Stoffe gewissermaßen an die Oberfläche aufstiegen. So kam es zur Entstehung der Erdschalen, also zur Schichtung der Erdkugel.

Im Laufe der langen Zeit hatte sich im Inneren der Erde eine kolossale Menge an Wärme angesammelt, was ein partielles Schmelzen der dort gelagerten Materie nach sich zog. In den inneren Teilen der Erde konzentrierten sich die schweren Elemente und Verbindungen, während die leichteren Stoffe in den äußeren Bereichen verblieben. Dies bewirkte im Endergebnis die Trennung in den Kern und den Mantel. Der Erdkern besteht vorwiegend aus Eisen und Nickel, während im Mantel die Silikate vorherrschen. Im unteren Teil des Mantels befindet sich die Materie heute in einem besonderen, festen kristallinen Zustand mit einer sehr hohen Schmelztemperatur.

Wie erfolgt nun das weitere Vermischen der leichten und schweren Stoffe bei ihrer gravitationsbedingten Differentiation? Findet dieser Vorgang auch heute noch statt?

Unter dem Einfluß von Wärme ist die Materie in Bewegung versetzt, und langsame Konvektionsbewegungen formieren sich innerhalb des Erdmantels zu einzelnen Konvektionszellen. In einigen Gebieten dieser Zellen steigt Mantelmaterial nach oben, und in anderen Bereichen strömt es entsprechend in die Tiefe.

Die einfachste Konvektionszelle umfaßt den gesamten Bereich des Erdmantels und besitzt eine einzige Zone, in der das Mantelmaterial nach oben steigt, und entsprechend auch nur eine Zone, in der das Material wieder nach unten abtaucht. Als Konsequenz bewegen sich ganze Lithosphärenplatten in horizontaler Richtung von den Bereichen des aufsteigenden Mantelmaterials weg in Richtung auf die nach unten eintauchenden Zonen des Erdmantels. Im Laufe der Zeit sollten sich dort, wo Mantelmaterial nach unten strömt, die einzelnen Lithosphärenplatten zusammenschließen. Dort, wo Mantelmaterial aufsteigt, müßte sich dann entsprechend ausschließlich ozeanische Kruste bilden. Solch eine einfach gebaute Konvektionszelle war möglicherweise im späten Paläozoikum für die Bildung des Großkontinentes Pangaea verantwortlich.

Für eine kompliziertere Situation sorgen paarweise angeordnete Konvektionszellen. Sie können offen sein, mit zwei annähernd gegenüber liegenden absteigenden Asten und einer Aufstiegszone ungefähr in der Mitte dazwischen. Dort bildet sich eine globale Dehnungszone, gekennzeichnet durch einen mittelozeanischen Rücken, und die Kontinente sammeln sich in zwei Arealen.

Dieses Bild entspricht weitgehend der heutigen Situation. Zu der einen Kontinentgruppe gehören Afrika, Eurasien und Australien, zu der anderen Nord- und Südamerika und die Antarktis. Sie werden durch das globale System der mittelozeanischen Rücken getrennt. An und für sich ist die Theorie von der Existenz solcher Konvektionszellen im Mantel der gegenwärtigen Erde keinesfalls die einzig zutreffende und mögliche. Sie stößt auf zahlreiche Einwände und wird noch diskutiert.

Die Trennung der Materie im Erdinneren verläuft recht langsam, doch in seiner langen Geschichte hat das Mantelmaterial viele Male einen vollen Kreislauf durchgemacht. Ausdruck der grandiosen Erscheinungen und Ereignisse in der Tiefe der Erde sind heftige Vulkantätigkeit und starke Erdbeben. Die in der Tiefe ablaufenden Prozesse bewegen die Lithosphärenschollen, lassen Gebirge entstehen, verändern den Meeresspiegel und erzeugen andere grandiose geologische Phänomene.

Die Antwort auf die zweite Frage, ob es zu einer Vermischung der leichten und schweren Stoffe in den Tiefen der Erde kommt, muß positiv beantwortet werden, denn im entgegengesetzten Fall wäre unser Planet leblos, in ihm würden keine endogenen Prozesse — Vulkanausbrüche, Erdbeben usw. — ablaufen.

Bei Berechnungen der gravitativen Differentiation wird postuliert, daß sich der Erdmantel wie ein fester Körper verhält, jedoch nur bei kurzzeitiger und rasch wechselnder Belastung. Bei längerer Belastung in gleicher Richtung verhält sich der Mantel plastisch und beginnt zu fließen, ähnlich wie Gletschereis. Der Erdmantel wirkt wie ein gigantischer Gravitationsseparator (Trennscheider). Er befördert immer neues Material an die Grenze Kern-Mantel. Solches mit höherem spezifischem Gewicht (Eisen zum Beispiel) sinkt herab und verbleibt an dieser Grenze, während die leichteren Stoffe aufsteigende heiße Strömungen bilden, gewissermaßen aufsteigen und in die oberen Schichten der Erde — in die Lithosphäre — zurückkehren.

Die gravitative Differentiation erhöht die Massenkonzentration in Richtung auf den Mittelpunkt der Erde, doch die potentielle Energie der Gesamterde nimmt dabei ab. Denn dieser Prozeß setzt eine riesige Energiemenge frei. Das ist die gewaltigste Energiequelle des Erdinneren. Seit ihrer Entstehung hat die im Erdinneren freigesetzte Wärme bis heute insgesamt $1{,}61 \cdot 10^{32}$ J in den Weltraum abgestrahlt.

Theoretische Berechnungen haben ergeben, daß die Masse des Erdkerns zunächst langsam wuchs; im Laufe der Zeit jedoch nahm die Geschwindigkeit zu und erreichte ihr Maximum, laut den Berechnungen der sowjetischen Wissenschaftler A. Monin und O. Sorochtin, vor 1,4 Milliarden Jahren während der Gotidischen Gebirgsbildungsphase. Von diesem Zeitpunkt an verlangsamte sich das Wachstum des Erdkerns. Man nimmt an, daß die Masse des Erdkerns in 1,5 Milliarden Jahren 99 % ihres höchstmöglichen Werts erreichen wird.

Eine andere Energiequelle im Inneren der Erde ist die Radioaktivität. Beim Zerfall radioaktiver Elemente wird eine riesige Menge an Wärme frei, deren Betrag schwer zu schätzen ist. Ausgehend von der gravitativen Differentiation und langlebigen radioaktiven Isotopen, schätzt A. Monin die gesamte freigesetzte Wärme im Erdinneren binnen 4,6 Milliarden Jahren insgesamt auf $2{,}5 \cdot 10^{32}$ J. Ein Teil dieser Wärme wird in den Weltraum abgestrahlt (etwa 10^{22} J). Dieser Wert ist aus der Berechnung der Leistung des geothermischen Stromes abgeleitet worden. In der Gesamtzeit ihres Bestehens hat die Erde $0{,}45 \cdot 10^{32}$ J in den Weltraum abgestrahlt.

Die Entstehung der Erdkruste

Die Erdkruste ist unter den Ozeanen und auf den Kontinenten sehr unterschiedlich aufgebaut. Im Verlauf der langen Entwicklungsgeschichte der Erde wirkten zwei entgegengesetzte Prozesse: Abtragung und Sedimentation. Jährlich tragen die Flüsse in den Ozean etwa 18,5 Milliarden Tonnen fester Stoffe in Form von Schwebfracht und etwa 3,2 Milliarden Tonnen als Lösungsfracht; die Gletscher und der Wind steuern entsprechend 1,5 und 1,6 Milliarden Tonnen bei. Einen nicht unwesentlichen Beitrag zur Sedimentbildung leisten auch die Organismen. Wenn wir die Gesamtmenge des Sedimentmaterials einschätzen, das in der Gesamtzeit des Bestehens der Erde von den Kontinenten in die Ozeane eingebracht worden ist, kommen wir auf einen unvorstellbaren Wert. Es ergibt sich, daß innerhalb der Milliarden Jahre im Weltmeer Sedimentgesteine mit einem Gewicht von $10{,}8 \; 10^{8}$ Billionen Tonnen hätten abgelagert werden müssen, dies entspricht einer Sedimentschicht, die heute im Schnitt 120 km mächtig wäre. Dabei weist die gegenwärtige Erdkruste, bestehend aus Sedimenten, Metamorphiten und Magmatiten, insgesamt eine mittlere Dicke von 30 bis 33 km auf, während die Masse der Sedimentgesteine bei $4{,}7 \cdot 10^{7}$ Billionen Tonnen liegt. Sind die Berechnungen zutreffend, und sie wurden von vielen sowjetischen und ausländischen Wissenschaftlern durchgeführt, dann muß ein enormer Teil der Sedimentgesteine im Zuge der Entwicklung unserer Erde irgendwohin verschwunden sein. Daher müssen einige sehr wirksame Prozesse ablaufen, die diese Sedimente nicht nur in metamorphe, sondern auch in magmatische Gesteine überführen. Ein Teil der Sedimente verläßt offenbar die Erdkruste und verschwindet dort, wo Lithosphärenplatten kollidieren, im Inneren unseres Planeten, darauf wird noch einzugehen sein.

An den Stellen, wo die Lithosphärenplatten auseinander driften, an den ozeanischen Riftzonen, bilden sich offene Dehnungsspalten, die mit erstarrtem Gesteinsmaterial ausgefüllt werden, das als Schmelze aus der Asthenosphäre aufgestiegen ist. Dies ist normalerweise basaltisches Magma, das die ozeanische Kruste bildet. Der obere Teil besteht aus Kissenlava (Pillowlava), die in direktem Kontakt mit dem Meerwasser erstarrte. Diese ähnelt vom Erscheinungsbild her erstarrten Walfischen, mitunter auch Elefantenrüsseln (Bild 3.1). Der untere Teil der Basaltschicht besteht aus engständigen Gängen von feinkristallinen Basalten. Jeder dieser Gänge war seinerzeit ein Förderkanal, aus dem sich die Lava über den Meeresgrund ergoß. Die Gesamtdicke der Basaltschicht beträgt 2 km. Darunter liegt die Schicht der Tiefengesteine, Gabbros und Serpentinite. Die Gesteine der ozeanischen Kruste sind mit Wasser gesättigt. So enthalten zum Beispiel die Serpentinite bis zu 10 % chemisch gebundenes Wasser. Der Hydratationsprozeß des Gesteins ist verbunden mit einer Verminderung des Kieselsäure-Kalzium- und Magnesiumgehaltes sowie einem Rückgang der Eisensulfid-Führung und des Gehaltes an weiteren Metallionen. Gleichzeitig erfolgt ein Einbau von Kalium, Natrium und anderen Elementen.

Entsprechend der Konzeption der Plattentektonik bildet sich kontinentale Kruste generell an Subduktionszonen aus Lithosphärenplatten durch Aufschmelzung von ozeanischer Kruste und den darüber lagernden Sedimentschichten. Nicht nur die magmatische Tätigkeit ist an solchen Subduktionszonen um den Faktor zehn höher als an den Riftzonen, sondern auch der Chemismus der magmatischen Gesteine ist ein völlig anderer. Intermediäre und saure Gesteine, Diorite und Granodiorite, dominieren. Wo Inselbögen gegen Kontinentalränder stoßen, herrschen granitische Gesteine vor. Die an den Subduktionszonen ablaufenden Prozesse der Dehydratation und partiellen Aufschmelzung sind äußerst kompliziert und erfolgen in mehreren Phasen (einige Wissenschaftler stehen solchen Subduktionszonen sehr skeptisch gegenüber, obwohl sie an das Auseinanderdriften der Lithosphärenplatten glauben).

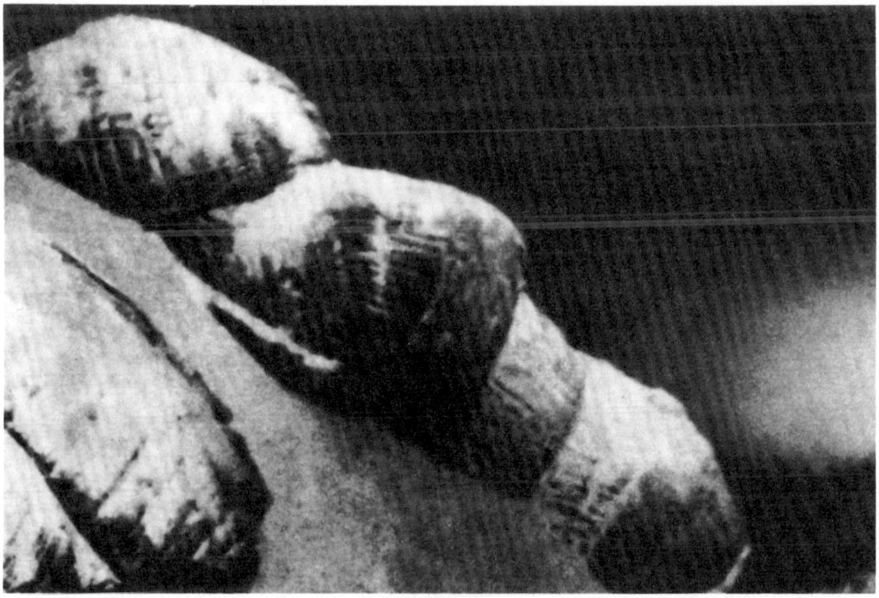

3.1 Kissenlava vom Boden des Roten Meeres (Wassertiefe 2000 m).

4. Die Zeitskala und die Geschichte der Erde

Die Geschichte der menschlichen Gesellschaft, der belebten und unbelebten Natur, der Naturereignisse und Naturerscheinungen, all diese Dinge sind interessant und wichtig. Nicht nur weil ihre Kenntnis zu einem besseren Verständnis der logischen Zusammenhänge und Gesetzmäßigkeiten ihrer Entstehung und Entwicklung verhilft, sondern weil sie auch eine tiefere Einsicht in die Gegenwart und die mögliche Zukunft verschafft. Bei der Erforschung des gegenwärtigen Zustands der Erde stoßen die Geologen immerzu auf verschiedenartige und in ihren Dimensionen unterschiedliche Ereignisse früherer Epochen. Und somit erhebt sich für uns das Problem der geologischen Zeitbestimmung.

Das Alter der Gesteine und die geologische Zeitmessung

Wann und wie liefen die Vulkanausbrüche ab, entstanden und lebten die heute versteinerten Organismen? Diese Fragen erregten schon immer die Neugier der Gelehrten.

Die Vorstellung von der immensen Dauer der geologischen Entwicklung setzte sich in der geologischen Wissenschaft keinesfalls auf Anhieb durch. Schon lange hatte man herausgefunden, daß die unten liegenden Gesteinsschichten älter sind als die darüber liegenden. Diese Erkenntnis erlaubte zwar eine relative Datierung der Ereignisse, sie ermöglicht jedoch keine quantitative, d. h. absolute Angabe des geologischen Alters, selbst wenn in den Sedimenten fossile organische Überreste überliefert sind.

Lange Zeit über wurde das Denken vom religiösen Dogmat des göttlichen Schöpfungsakts der Erde beherrscht, daneben bestand die Vorstellung, daß die Erde sehr jung sei. Es wurde postuliert, daß die Erde und das gesamte Weltall vor etwa 6000 Jahren binnen weniger Tage entstanden seien. Doch führende Denker der Antike und danach auch Gelehrte der Renaissancezeit äußerten Vermutungen, daß die Erdgeschichte viel länger dauerte und daß die auf ihrer Oberfläche und im Erdinneren abgelaufenen Veränderungen verschiedenartig waren.

Die Entwicklung der exakten Wissenschaften — der Mechanik und Astronomie, der Chemie und der Physik — bot die Möglichkeit, das Alter der Erde und ihrer Gesteine auf neue Weise anzugehen. Doch wurden die progressiven Vorstellungen noch lange von der biblischen Lehrmeinung unterdrückt. Selbst ein so berühmter Naturforscher wie Newton, an dessen Namen eine ganze Epoche in der Physik und der Mechanik geknüpft ist, schätzte das Alter der Erde auf 6030 Jahre.

Georges Buffon, Verfasser der 36bändigen „Histoire naturelle", verkündete eine recht originelle Betrachtungsweise zur Bestimmung des Alters der Erde.

Von ihm stammte die seinerzeit sich großen Zuspruchs erfreuende kosmogonische Hypothese von der Herkunft der Erde als eines Bruchstücks der Sonne, das durch den Aufprall eines gigantischen Kometen losgerissen worden sei. Folglich sei es möglich, die Abkühlungszeit der gigantischen glühenden Kugel auf experimentellem Wege zu ermitteln. Ausgehend von dieser Annahme schätzte Buffon die Dauer der Erdgeschichte auf 75 000 Jahre.

Bevor wir uns den modernen Vorstellungen vom Alter der Erde zuwenden, müssen wir in ganz allgemeiner Form die Gesteine charakterisieren, aus denen sich die Erdkruste zusammensetzt. Auf einige Eigenschaften sind wir im vorangegangenen Kapitel bereits eingegangen.

Die Gesteine unterteilen sich in drei Gruppen: Sedimente, Magmatite und Metamorphite. Die Sedimentgesteine sind durch Verwitterung und Umlagerung älterer Gesteine (Kiesel, Sand, Sandsteine) oder durch die Tätigkeit von Organismen (Kreide, Kalkstein, Stein- und Braunkohle) oder schließlich durch Ausfällung von Salzen (Gips, Steinsalz) entstanden.

Bei Erstarren des Magmas in der Tiefe entstehen grobkristalline Tiefen- oder Intrusivgesteine. Je nach dem Gehalt an Kieselsäure (SiO_2) unterteilt man sie in mehrere Gruppen. Zu den sauren Magmatiten mit SiO_2-Gehalten zwischen 65 und 75 % gehören die Granite und Quarzporphyre. Die intermediären Gesteine (Andesite und Granodiorite) enthalten 52 bis 65 % Kieselsäure, die basischen Gesteine (Basalte und Gabbros) weisen 40 bis 52 % SiO_2 auf, die ultrabasischen (Dunite und Peridotide) besitzen weniger als 40 % SiO_2.

Bei Vulkanausbrüchen verliert das Magma die in ihm enthaltenen Gase und breitet sich als Lava auf der Erdoberfläche aus. Rasch erstarrte Lava ergibt feinkristalline Eruptivgesteine (Porphyrite, Basalte u. a.).

Die metamorphen Gesteine waren ursprünglich Sedimente oder Magmatite, die in großen Tiefen durch hohe Drücke und Temperaturen umkristallisiert wurden. Zu ihnen gehören die verschiedenen kristallinen Schiefer und Gneise.

Ausgehend von der gegenseitigen Anordnung der Gesteine unterschiedlicher Zusammensetzung unternahm man die ersten Versuche einer altersbezogenen Unterteilung. Im 18. Jahrhundert hatte der italienische Gelehrte G. Arduino bei geologischen Studien im nördlichen Apennin vorgeschlagen, zwischen vier Gesteinsserien zu unterscheiden: „montes primitivi", bestehend aus Gesteinen ohne Fossilreste; „montes secundarii", bestehend aus fossilführenden Marmoren und gebankten Kalksteinen; „montes tertiarii" — flache Berge und Hügel, aufgebaut aus Schotter, Tonen und Mergeln mit reichlichen Überresten von Meerestieren; „montes quartaerii" — Schuttkegel und angeschwemmtes Material wie Erde oder Kies. Diese Terminologie wurde auf die anderen Räume Europas übertragen, und die Bezeichnungen „Tertiär" und „Quartär" haben sich sogar bis in unsere Zeit erhalten.

Aus der Abfolge der Sedimentgesteine, besonders bei horizontaler Lagerung, läßt sich deutlich die geologische Chronologie, also die zeitliche Reihenfolge ersehen. Bei jedem natürlichen Aufschluß der Gesteinsabfolgen sind die unteren Schichten, vorausgesetzt, daß es zu keiner Störung der Schichtfolgen gekommen ist, immer älter als die darüber liegenden Gesteine.

Die Ermittlung der Abfolge in einem einzigen Aufschluß stellt kein Problem dar. Wie aber können weit voneinander entfernte Aufschlüsse altersmäßig miteinander korreliert werden. Welche Schichten sind älter, welche jünger? Hier wird die Sache schon problematisch. Und schier unüberwindlich werden die Schwierigkeiten, wenn man stratigraphische Abfolgen aus verschiedenen Ländern und erst recht aus verschiedenen Kontinenten miteinander vergleicht. Hilfe bietet hierbei Paläontologie. Bereits im 18. Jahrhundert war den Naturforschern aufgefallen, daß die Sedimentgesteine fossile Überreste von Tieren in Form von Schalen und Skeletten aber auch Abdrucke von Pflanzen enthalten. Ferner unterscheiden sich die Fossilien aus den tieferen Schichten von denjenigen in den oberen und damit jüngeren Horizonten. Außerdem hatte man herausgefunden, daß die marinen Sedimente gleichen Alters überall die gleichen Fossilien enthielten. Nun waren die Geologen im Besitz einer der wichtigsten Methoden zur Untergliederung und zum überregionalen Vergleich der Gesteinsabfolgen.

Bereits zu Anfang des 19. Jahrhunderts war somit die echte Möglichkeit gegeben, aus der relativen Alterseinstufung heraus eine geologische Zeitskala zu erstellen. Ihr relativer Charakter ergibt sich daraus, daß die Auswertung und die Bestimmung der Art- und Gattungszugehörigkeit der Fossilreste nichts über die genaue Entstehungszeit der entsprechenden Gesteine und über die Lebenszeit der Organismen aussagen. Es kann jedoch festgestellt werden, ob die Schichten älter, jünger oder gleich alt wie eine bereits bekannte Leitschicht sind, so daß ein Altersvergleich vorzunehmen und Vergleiche anzustellen möglich ist. Weniger als ein halbes Jahrhundert hat man für die Schaffung der relativen Zeitskala benötigt. Sie ist das Abbild einer zeitlichen Abfolge von geologischen Ereignissen innerhalb der Geschichte der Erdkruste, festgehalten in den einzelnen Schichten der Sedimentgesteine.

Die Paläontologie, eine der faszinierendsten Biowissenschaften, ist mit der Geologie eng verknüpft. Sie befaßt sich mit den fossilen Faunen und Floren, mit ihrer systematischen Stellung innerhalb der organischen Welt und mit den Gesetzmäßigkeiten der Evolution.

Basierend auf den einzelnen Schritten bei der Entwicklung der organischen Lebewelt und der mineralogischen Zusammensetzung der die Fossilien einschließenden Sedimentgesteine, hat man im 19. Jahrhundert alle uns heute bekannten und gebräuchlichen biostratigraphischen Kategorien festgelegt: Ärathem, System, Abteilung und Stufe. Die oberste biostratigraphische Einheit ist das Ärathem, das aus mehreren Systemen besteht (=Formationen). Das System wiederum setzt sich aus Abteilungen, die Abteilung entsprechend aus Stufen zusammen. Jede stratigraphische Einheit ist mit einer eigenen Bezeichnung belegt.

Gemäß den biostratigraphischen Einheiten hat man chronostratigraphische Kategorien festgelegt, die für die Zeitdauer (wiederum relativ gesehen) der Ablagerung der entsprechenden biostratigraphischen Einheiten stehen.

Der Zeitabschnitt, der für die Bildung eines Ärathems erforderlich ist, wird als geologische Ära bezeichnet, die Zeit für die Ablagerung eines biostratigraphischen Systems entspricht der geologischen Periode, die Abteilung hat die Epoche zum Gegenstück, die biostratigraphische Stufe entspricht dem chronostratigraphischen Alter.

Die chronologische Zeitskala

Schon lange hatten die Geologen bemerkt, daß die Geschichte unseres Planeten in zwei ungleiche Abschnitte unterteilt werden kann. Der ältere und längere Zeitabschnitt ist für paläontologische Untersuchungsmethoden weniger zugänglich, denn er enthält keine Fossilien, und zahlreiche sedimentäre Abfolgen sind stark metamorph verändert. Gut erforscht ist der jüngere Zeitabschnitt, denn seine Sedimentserien enthalten zahlreiche Reste von Organismen, deren Menge und Erhaltung mit Annäherung an die heutige Epoche zunehmen. Diesen jungen Teil der Erdgeschichte hat der amerikanische Geologe Ch. Schuchert als phanerozoisches Äon bezeichnet, d. h. als Zeitabschnitt des deutlich erkennbaren Lebens. Ein Äon (=Weltzeitalter) umfaßt als Zeitabschnitt mehrere chronologische Ären. Sein biostratigraphisches Äquivalent ist das Äonothem.

Dem älteren und längeren Teil der geologischen Geschichte hat Schuchert den Namen Kryptozoikum gegeben, eine weitere Bezeichnung für den Zeitraum des Präkambriums, worunter die Zeit mit der verborgenen Entwicklung des Lebens zu verstehen ist. Dieser Name ist seit der Mitte des 19. Jahrhunderts erhalten geblieben, als man die meisten geologischen Perioden aufgestellt hat. Alle älteren Ablagerungen im Liegenden des Kambriums bezeichnet man als präkambrisch (d. h. aus der Erdurzeit stammend). Heute benutzt man anstelle von Kryptozoikums die Bezeichnungen: Archäikum und Proterozoikum.

Die weite Verbreitung, der Reichtum an Fossilien und die relativ gute Aufschlußsituation in den phanerozoischen Ablagerungen ermöglichten ihre bessere Erforschung. Der englische Geologe John Fillips unterteilte das Phanerozoikum 1841 in drei Zeitalter: Paläozoikum oder Erdaltertum, Mesozoikum, das Erdmittelalter, und Käno- oder Neozoikum, die Erdneuzeit. Im Paläozoikum waren marine Wirbeltiere, Fische und Amphibien die dominierenden Tiergruppen; hinzu kommen Sporenpflanzen. Das Mesozoikum war das Zeitalter der Reptilien und Gymnospermen, und im Känozoikum entwickelten sich die Säugetiere und die Angiospermen.

Die innerhalb einer geologischen Ära entstandenen Ablagerungen bezeichnet man als Ärathem. Die kleineren stratigraphischen Einheiten sind die Systeme, Abteilungen und Stufen. Die Namen der Systeme und Stufen sind vorwiegend von den Lokalitäten abgeleitet, wo sie erstmals nachgewiesen oder erforscht wurden, auch charakteristische Merkmale gingen in die Schichtbenennungen ein. Der Jura zum Beispiel verdankt seinen Namen Schweizer Jura; die Bezeichnung Perm kommt von der gleichnamigen russischen Stadt, der Name Kambrium stammt von der römischen Bezeichnung des Berglands von Wales, die Benennungen Kreide und Karbon bedürfen wohl keiner Erklärung.

Während die biostratigraphische Zeitskala auf der Gesteinsabfolge und deren Fossilinhalt beruht, berücksichtigt die chronologische Zeitskala dagegen die Dauer und die systematische Abfolge der einzelnen Etappen innerhalb der Erdgeschichte (Tabelle 4.1). Die chronologische und auch die biostratigraphische Unterteilung des Phanerozoikums wurde in den vergangenen hundert Jahren mehrfach revidiert.

Doch in der Geologie kommt es darauf an, nicht nur das relative Alter der Gesteine, sondern nach Möglichkeit auch das absolute Alter ihrer Entstehung

Tabelle 4.1: Chronologische Skala des Phanerozoikums

Ära	Periode		Zeit vor Mio. Jahren	wichtige Ereignisse
Känozoikum KZ	Quartär Q		1,8	Entwicklung des Menschen
	Neogen N	Pliozän	5 ± 1	Blütezeit der Primaten
		Miozän	22,5 ± 1	
	Paläogen P	Oligozän	37,5 ± 3	Blütezeit der Pferde und der Faunen offener Steppenräume
		Eozän	53,5 ± 3	erste Vertreter der Primaten und Pferde
		Paläozän	65 ± 3	Blütezeit der Säugetiere
Mesozoikum MZ	Kreide K		135 ± 5	Aufkommen von Blütenpflanzen und fleischfressenden Sauriern
	Jura J		190 ± 5	Blütezeit der Korallen, Ammoniten und Dinosaurier, Aufkommen der Vögel
	Trias T		230 ± 10	Aufkommen der Dinosaurier und Säugetiere
Paläozoikum PZ	Perm P		285 ± 15	Blütezeit der Fusulinen, Haifische und Reptilien
	Karbon C		350 ± 10	Blütezeit der Amphibien
	Devon D		400 ± 10	Blütezeit der Fische, erste Wälder
	Silur S		435 ± 15	Blütezeit der riffbauenden Coelenteraten
	Ordovizium O		490 ± 15	Blütezeit der Brachiopoden und Cephalopoden
	Kambrium Э		570 ± 20	Aufkommen der Wirbellosen mit festen Hartteilen

zu kennen. Zur Altersbestimmung von Gesteinen benutzt man mehrere Methoden, die auf dem Prinzip des radioaktiven Zerfalls beruhen. Deshalb wird das mit diesen Methoden gemessene Alter der Gesteine als radiometrisches Alter bezeichnet. Hierfür verwendet man radioaktive Isotope des Urans, des Thoriums, des Rubidiums, des Kaliums, des Kohlenstoffs und des Wasserstoffs. Da die Halbwertszeiten der jeweiligen radioaktiven Isotope bekannt sind, kann das Alter eines Minerals und damit auch des Gesteins auf einfache Weise ermittelt werden.

Bis heute wurden zahlreiche Verfahren der radiometrischen Altersbestimmung entwickelt und sind in Gebrauch: Uran-Thorium-Blei-, Uran-Thorium-Helium-, Uran-Xenon-, Kalium-Argon-, Rubidium-Strontium-, Samarium-Neodym-, Rhenium-Osmium- und die Radiokarbon-Methode. Der Gehalt an radioaktiven Isotopen in den Gesteinen und Mineralien wird mit speziellen Geräten, den Massenspektrometern, ermittelt.

Diese Verfahren werden zur Altersbestimmung von Magmatiten und Sedimentgesteinen herangezogen, bei metamorphen Gesteinen hingegen bestimmt man das Metamorphosealter, d. h. denjenigen Zeitpunkt, an dem Druck und Temperatur auf dieses Gestein einwirkten.

Das radiometrische Alter der ältesten Gesteine der Erde beträgt 3,8 bis 4 Milliarden Jahre. Etwa gleiches Alter weisen einige Mondgesteine und die Meteorite auf.

Die Schwierigkeiten bei der Untersuchung archäischer und proterozoischer Ablagerungen sind der Grund für deren unzureichende stratigraphische und geochronologische Untergliederung. Die derzeit in der UdSSR gültige stratigraphische Gliederung des Archäikums und Proterozoikums ist in der Tabelle 4.2 zusammengefaßt.

Tabelle 4.2: Gliederung des Archäikums und Proterozoikums

Äon	in der UdSSR gültige Gliederung		Zeit vor Mio. Jahren
Phanerozoikum	Kambrium		570
	Wendium		680—650 ± 20
		Karatavium	1050 ± 50
Proterozoikum	Riphäikum	Jurmatinium	1400 ± 50
		Bursjanium	1650 ± 50
	unteres		2600 ± 100
Archäikum	oberes		3000 ± 100
	unteres		3500 ?

In der Geologie wird zur Datierung und zur Korrelation der Schichten darüber hinaus ein weiteres Verfahren genutzt. Es handelt sich um eine paläomagnetische Methode, die auf den remanenten magnetischen Eigenschaften der Gesteine beruht. Gesteine, die ferromagnetische Mineralien enthalten, bekommen unter dem Einfluß des irdischen Magnetfeldes einen natürlichen remanenten Magnetismus aufgeprägt. Heute weiß man, daß die Lage der Magnetpole im Verlauf der langen geologischen Geschichte mehrfach gewechselt hat. Wenn man nun also die Remanenz und ihre Feldrichtung kennt, kann man durch Vergleich der Feldvektoren die Gleichaltrigkeit von Gesteinen nachweisen und damit zu einem gewissen Grade auch die Zeitskala präzisieren.

Die Hauptetappen bei der Herausbildung der Erdkruste

Die Altersbestimmung an verschiedenen Magmatiten hat es möglich gemacht, nicht nur die Dauer der geologischen Epochen, sondern auch die ältesten Gesteine der Erde zu ermitteln. Heute ist bekannt, daß die ersten dokumentierten Spuren des Lebens auf der Erde vor über 3 Milliarden Jahren entstanden sind, daß die ältesten Sedimentgesteine etwas mehr als 3,8 Milliarden Jahre alt sind und daß das Alter der Erde auf 4,6 bis 5 Milliarden Jahre geschätzt werden muß, einige Wissenschaftler der Auffassung sind, diese Zahlen seien zu hoch angesetzt.

Man hat nachgewiesen, daß die Epochen mit intensiver Vulkantätigkeit nur kurz waren und von längeren Epochen mit schwacher Magmenförderung unterbrochen wurden. Epochen mit starker Magmentätigkeit sind mit Zeiten hoher tektonischer Aktivität verknüpft, während denen es zu beträchtlichen vertikalen und horizontalen Bewegungen innerhalb der Erdkruste kam, in denen Gebirge gebildet wurden.

Wenn wir nun das Alter von Magmatiten kennen, sind wir auch in der Lage, relativ kurze Epochen mit erhöhter magmatischer und tektonischer Aktivität und außerdem längere Ruhephasen dazwischen zu bestimmen. Damit bietet sich weiter die Möglichkeit auch die Erdgeschichte anhand der tektonisch-magmatischen Intensitäten in echte Zeitintervalle zu untergliedern. Die Summe aller Alterdatierungen von magmatischen Ereignissen ergibt im Grunde eine Alterstabelle der wichtigsten gebirgsbildenden Phasen im Verlauf der Erdgeschichte (Tabelle 4.3). Im wesentlichen verwendet man zur Altersbestimmung von solchen orogenen Ereignissen die Intrusion granitischer Schmelzen. Dazu ist jedoch gleichzeitig anzumerken, daß diese tektonischen Phasen auf den einzelnen Kontinenten nicht immer zum gleichen Zeitpunkt einsetzen und auch von ihrer Dauer sehr unterschiedlich waren.

Über die ferne geologische Vergangenheit liegen so gut wie keine auf gesicherten Tatsachen beruhende Informationen vor. Man kann nur annehmen, daß es vor bis zu 3,5 Milliarden Jahren einen sehr aktiven Vulkanismus mit Ausstoß von Basalt- und ultrabasischen Laven gegeben hat. Gleichzeitig ist eine große Gasmenge freigesetzt worden. Das hat zur Bildung nicht nur der Erdkruste, sondern auch der Primäratmosphäre geführt.

Im Verlauf der Belosersk-Orogenese zu Beginn des Archäikums und in der Kola-Epoche im mittleren Archäikum kam es zur Granitbildung, und die ersten Sedimentbecken entstanden. Bekannt aus dieser Zeit sind Sand- und Tonsteine, heute allerdings in metamorphem Zustand, sowie Karbonatgesteine und deren metamorphe Umwandlungsprodukte.

Während der Kenorischen Gebirgsbildung am Ende des Archäikums haben sich die Kernzonen der künftigen größeren stabilen Strukturelemente der Erde

Tabelle 4.3: Alter der tektonisch-magmatischen Epochen in der Geschichte der Erde

Epochennummer	tektonisch-magmatische Epoche	Beginn vor Mrd. Jahren
20	Alpidische	0,05
19	Kimmerische	0,09
18	Herzynische (Variscische)	0,26
17	Kaledonische	0,41
16	Salairische (Spätbaikalische, Sardische)	0,52
15	Katanginische (Frühbaikalische, Assyntische, Kadomische, Shelesnogorische)	0,65
14	Delhische (Dalslandidische)	0,86
13	....?	0,93
12	Grenvillidische (Satpurische)	1,09
11	....?	1,21
10	Gotidische (Medweshoserische, Masatialische, Kibarische, Elsonische)	1,36
9	....?	1,49
8	Karelidische (Hudsonsche, Svekofinnische, Bularenische, Laxfordische)	1,67
7	....?	1,83
6	Baltische (Eburnäische, Penokidische)	1,98
5	Frühkarelidische	2,23
4	Algonkinische	2,44
3	Kenorische (Belomorische, Lawrentjewsche, Rhodesische, Shamvaidische)	2,70
2	Kolaidische (Transvaalische, Saamidische)	3,05
1	Beloserische	3,5

herausgebildet, die Kernzonen der stabilen kontinentalen Plattformen. In den nachfolgenden Epochen vergrößerten sich diese Urkratone ständig.

Im Verlauf der Kenorischen, der Algonkinischen, der Frühkarelidischen, der Baltischen, der Bularenischen und der Karelidischen Gebirgsbildung entstanden die Sockel aller bekannten alten Kratone: der Osteuropäische, der Sibirische, der Chinesische, der Tarimische, der Hindustanische, der Afrikanisch-Arabische, der Nordamerikanische, der Südamerikanische und der Ostaustralische Kraton. Im Verlaufe von fast 1 Milliarde Jahren (vor 2,7 bis 1,67 Milliarden Jahren) bildete sich die Urgranitschicht der Erdkruste, während das Vorhandensein von Karbonatgesteinen zur Bildung von alkalischen Intrusivgesteinen führte. Riesige Granitplutone von über tausend Quadratkilometern Fläche, umgeben von den ältesten Sedimentgesteinen, verstärkten und versteiften die Krustensegmente, die man nun als Schilde bezeichnet. Als Beispiel mögen der Baltische, der Ukrainische, der Aldanische, der Kanadische, der Guyanische, der Brasilianische, der Arabische Schild dienen.

Ausgehend von der analogen und gleichzeitigen Entstehung aller bekannten ältesten Kontinentkerne kann man annehmen, daß im Proterozoikum ein zusammenhängender Großkontinent Megagaea (wörtlich: Große Erde) bestand, der vom Weltmeer umgeben war.

Vor 1,67 Milliarden Jahren wurden die alten Kontinentalplattformen, in erster Linie die Schilde, zu zeitlich und räumlich stabilen Strukturelementen der Erdkruste. Allerdings entstanden auf den Schilden auch danach noch weitgespannte flache Einmuldungen, sog. Syneklisen. Die Kruste riß an tiefreichenden Störungssystemen der inzwischen konsolidierten, ehemals jedoch mobilen Gebiete. In solchen Fällen entstanden große Aulakogene, langgestreckte Tröge mit hohen Senkungsraten. Zu ihnen gehören unter anderem das Katanga-Aulakogen auf der Afrikanischen Plattform oder das Dnjepr-Donezk-Aulakogen auf der Osteuropäischen Plattform.

Im Verlauf der nachfolgenden tektonisch-magmatischen Zyklen sind die Plattformen entweder durch Auffalten der mobilen Zonen an ihren Rändern gewachsen oder aber zu einzelnen Bruchstücken zerfallen, die danach mit unterschiedlicher Geschwindigkeit und unterschiedlichen Bewegungsrichtungen auseinander drifteten. In der letzten Milliarde Jahre der Erdgeschichte erfolgte generell eine allmähliche Abnahme der magmatischen Tätigkeit.

Die Gotidische Gebirgsbildung war durch eine Granitisierung der präriphäischen Gesteine und in den meisten Schilden durch eine Metamorphose gekennzeichnet. Im mittleren und besonders im späten Riphäikum dauerte die Granitisierung in den mobilen Randzonen und das weitere Wachstum der Schilde fort.

Der Magmatismus der Katanginischen (Frühbaikalischen) und der Spätbaikalischen Orogenese äußerte sich auf den Kontinentalplattformen in unterschiedlicher Weise. Gemeinsam für sie waren jedoch einerseits die intensive Faltung und andererseits auch Bruchtektonik und die Driftbewegung der großen Lithosphärenplatten.

Als Ergebnis dieser Vorgänge in der Früh- und der Spätbaikalischen Epoche verschmolzen die fünf größten Lithosphärenplatten der südlichen Halbkugel — die Afrikanisch-Arabische, Australische, Südamerikanische, Antarktische und Indische Platte — zu dem Großkontinent Gondwana, während auf der nördlichen Halbkugel die Osteuropäische, die Nordamerikanische, die Sibirische und die Chinesische Platte lagen.

Die Kaledonische Gebirgsbildung war nicht nur durch eine Zunahme der Magmenaktivtät gekennzeichnet, sondern führte auf der nördlichen Halbkugel außerdem zur Entstehung und Herausbildung des Kontinents Laurasia, der aus der Kollision der Nordamerikanischen, der Osteurpäischen, der Sibirischen und der Chinesischen Platte entstand. Gondwana und Laurasia waren voneinander durch einen großen Ozean, die Tethys, getrennt.

Im Unterschied zu den älteren Orogenesen können die tektonisch-magmatischen Ereignisse des Phanerozoikums dank der besseren Überlieferung und damit der besseren Untersuchungsmöglichkeiten ihrer Gesteine in eine ganze Reihe von Einzelphasen untergliedert werden. Wie während der gesamten Orogenese ragten auch während den einzelnen Phasen die Kontinente über den Meeresspiegel empor, d. h., die Heraushebung überwog, die Magmentätigkeit war lebhaft und die tektonischen Bewegungen waren intensiv.

Solche Zeitabschnitte werden als geokrat bezeichnet. Sie wurden von zeitlich längeren thalattokraten Perioden unterbrochen, in denen die Kontinente absanken und dadurch das Meer transgressiv auf das Festland übergreifen konnte.

Im Ergebnis der tektonischen und magmatischen Prozesse entstanden bei der Kaledonischen Orogenese große Faltengebirge im Westen der Nordamerikanischen Platte (die Appalachen), in Mittelasien (Zentral-Kasachstan, Altai, Sajanen, Mongolei), in Ostaustralien, auf der Insel Tasmanien und in der Antarktis.

Während der Variscischen Ereignisse kollidierten die Kontinente Gondwana und Laurasia zum Großkontinent Pangaea. Wie bereits etwa 1 Milliarde Jahren zuvor wurde Pangaea von einem geschlossenen Ozean umspült. Die intensiven tektonischen Bewegungen führten zur Auffaltung großer Gebirgssysteme, die den Namen Varisciden erhielten. Sie alle liegen an den Rändern der alten Kontinente. Zu ihnen zählen die Gebirge Tibets, Hindukush, Karakorum Range, Tianshan, Altai, Kunlunshan, Ural, das variscische Gebirge Mittel- und Nordeuropas, Süd- und Nordamerikas (Kordilleren, Appalachen), der Nordwesten Afrikas und Ostaustralien. In dieser Phase entstanden auch als Ergebnis der Konsolidierung sämtliche sogenannte epiherzynische oder junge Plattformen — so ein großer Teil der Westeuropäischen Plattform, die Skythische, die Turanische, die Westsibirische Plattform u. a.

Während der Kimmerischen Orogenese drangen die Intrusivkörper unterschiedlicher chemischer Zusammensetzung in die tektonisch mobilen Zonen ein, Gebirge entstanden und Pangaea brach auseinander. In den Epochen Trias, Jura und Unterkreide bestanden wieder die Großkontinente Laurasia und Gondwana, die durch den neu entstandenen Ozean, der Tethys, und den Südatlantik voneinander getrennt wurden. Gebirgsbildende Prozesse liefen vorwiegend in den Randbereichen Laurasiens ab. In dieser Zeit entstanden die Berge der Krim und die Bergzüge bei Werchojansk. Bedeutende Bewegungen erfolgten außerdem in den früher entstandenen Gebirgssystemen der Appalachen, des Kaukasus und in Mittelasien.

Die Alpidische Gebirgsbildung begann am Ende der Kreidezeit und dauert bis heute fort. In ihrer Folge kam es in den tektonisch mobilen Zonen nicht nur zur Platznahme von sauren, basischen und alkalischen Intrusivgesteinen und zur Entstehung der Kontinente und Ozeane in ihrer heutigen Form, sondern auch zur Auffaltung von solch gewaltigen Gebirgssystemen wie den Alpen, den Dinariden, dem Himalaya, den Anden und den nordamerikanischen Kordilleren.

Die chronologische Zeitskala wurde unter großen Mühen und im Verlauf einer langen Zeit zusammengestellt. Über zahlreiche stratigraphische Grenzen herrscht noch Uneinigkeit. Mitunter müssen sogar internationale Symposien einberufen werden, um sich darüber zu einigen, wie und wo die Grenze der jeweiligen biostratigraphischen oder chronologischen Einheit zu ziehen sei.

Die absolute Zeitskala brachte auch für die Geologie als Wissenschaft einen gewaltigen Wandel. Sie wurde dadurch zu einer historischen Naturwissenschaft. Die Ereignisse der Vergangenheit, das Alter der Erde, der Meteoriten und des Mondes und auch die Dauer jeder geologischen Epoche waren nun quantitativ zu erfassen.

5. Das veränderliche Gesicht der Erde

„Alles fließt, alles verändert sich“ — diese zum geflügelten Zitat gewordene Erkenntnis der antiken Philosophie spiegelt sehr treffend die Unbeständigkeit der natürlichen Gegebenheiten und auch aller äußeren Sphären der Erde wider.

Wir sind es gewohnt, die Erdoberfläche als etwas Festes, Zuverlässiges und Unerschütterliches anzusehen. Doch sobald es auf einem Teil unseres Planeten zu einem katastrophalen Erdbeben oder zu einem Vulkanausbrucht, fühlen wir uns unsicher und den Gewalten der Natur hilflos ausgeliefert. Die Vulkanausbrüche und die Erdbeben, aber auch die kurzzeitigen, jedoch verheerenden atmosphärischen Erscheinungen — Wirbelstürme, Taifune, Tief- und Hochdruckgebiete — verändern die Erdoberfläche vor den Augen der Menschen überaus folgenschwer. Doch neben den kurzzeitigen und drastischen Einwirkungen laufen auch die unterschiedlichsten geologischen Prozesse langsam, allmählich, im Verlauf vieler Jahrtausende ab. Sie zerstören die Berge, erweitern die Felsschluchten, verändern die Küstenlinien, lassen Wüsten entstehen und verschwinden.

Die Oberfläche der Erde verändert sich unter dem Einfluß des Klimas (jahreszeitlicher und täglicher Temperaturwechsel, Änderung der Luftfeuchtigkeit), des Windes, der Gletscher, des Oberflächen- und des Grundwassers, der verschiedenen Organismen usw. Doch wie haben es die Forscher vermocht, weder die Wirkung, noch die Ergebnisse des jeweiligen Prozesses zu erkennen? Denn wenn man sagt, daß ein Fluß das Ufer unterspült, Steine mitreißt, sie zurundet, zerkleinert und ins Meer trägt, heißt das doch nicht, daß die Geologen am Flußufer hockten oder jahrelang das Strombett abschreiten oder gar auf den Meeresgrund tauchen, um den gesamten Prozeß der Geröllbildung, ihre Zerkleinerung zu Sand und dessen Ablagerung im Strombett, in den Talauen oder im Meer Schritt für Schritt zu verfolgen. Das können sie gar nicht. Um hinter die Gesetzmäßigkeiten der Sedimentbildung zu kommen, vergleichen die Wissenschaftler die Form der Steine und deren Größe von der Quelle bis zur Mündung des Flusses, sie analysieren die mineralogische Zusammensetzung des Sandes, sie beobachten, wie der Fluß mitunter das Ufer unterspült, dessen Abbruch bewirkt und seinen Verlauf ändert. Diese Veränderungen vollziehen sich zwar vor unseren Augen, laufen jedoch sehr langsam ab. Denn um einen Granitbrocken zu einem Geröll zu zerkleinern oder gar zu Sand zu zerreiben bedarf es mehr als eines Jahrhunderts.

Auf gleiche Weise gehen die Geologen vor, wenn sie die Tätigkeit der Gletscher, der Meere und Seen, des Windes und der Organismen erforschen. Sie beobachten die unterschiedlichen Entwicklungsphasen an diversen Objekten, verbinden sie in Gedanken zu einer lückenlosen Folge und bringen damit alle Einzelbeobachtungen in eine geschlossene logische Ordnung.

Verwitterung und Bodenbildung

Die Außenschale der Erde, die Lithosphäre, besteht nicht nur aus Festgesteinen, sondern auch aus Lockersedimenten, die durch Verwitterung aus dem unterlagernden Gestein entstanden sind oder die durch Wind, Wasser oder Eis hertransportiert worden sind. Dieses Lockermaterial geht oftmals in einen Boden über. Die Umwandlung eines festen Gesteins in einen Boden erfolgt über eine Veränderung seines physikalischen Zustandes und seiner chemischen Zusammensetzung unter der Einwirkung von Luft, Wasser und von Mikroorganismen. Dieser langwierige Prozeß wird als Verwitterung bezeichnet.

Wie wirkt nun die Verwitterung? Wie fest und massig ein Gestein auch sein mag, es wird im Laufe der Zeit von zahlreichen Rissen durchzogen. Die Risse entstehen hauptsächlich durch die unterschiedlichen Ausdehnungskoeffizienten der gesteinsbildenden Mineralien. Stahl-Brücken, Fahrbahnen aus Beton und die stählernen Schienen der Eisenbahn dehnen sich bei Hitze bekanntlich aus und ziehen sich bei Kälte zusammen. Damit sie dabei nicht zerstört werden, sind an bestimmten Stellen Dehnungsfugen eingebaut. Die Gesteine jedoch, die aus Mineralkörnchen oder Mineralbruchstücken bestehen, haben solche Dehnungsfugen nicht und so führen die Tages- und jahreszeitlichen Schwankungen der Temperatur zu wiederholter Dehnung und Schrumpfung und damit zur Ausbildung von zahlreichen Rissen in den kompakten Gesteinsmassen. Das ist das Anfangsstadium der physikalischen Verwitterung. In die Risse dringt Wasser ein, löst z. T. die Mineralien auf oder verändert deren chemische Zusammensetzung; beim Gefrieren dehnt es sich aus und erweitert die Spalten. Schließlich und endlich zerfallen die kompakten Gesteine — es kommt, wie die Geologen sagen, zu ihrer physikalischen Verwitterung. Darunter versteht man eine ausschließlich mechanische Zerstörung des Gesteins unter Bildung von kleineren Partikeln, jedoch mit unveränderter mineralogischer und chemischer Zusammensetzung.

Die Gesteinszerstörung wird außerdem auch durch Pflanzen und tierische Lebewesen bewirkt. Wer Gelegenheit hatte, die Südküste der Krim zu besuchen, wird bemerkt haben, wie die Krimkiefer auf den Kalkfelsen um ihre Existenz kämpft. Ihre Wurzeln dringen in die Risse und Spalten ein, erweitern sie, drücken sie auseinander, mitunter drücken sie ganze Gesteinsstücke an die Oberfläche hoch. Die Kraft der Pflanzenwurzeln läßt sich aus vielen Erscheinungen ersehen. Recht oft zum Beispiel spalten Bäume mit ihrem Wurzelwerk harte Kalkstein- und sogar Granitblöcke, und in Städten werden die betonierten Bürgersteige von den Wurzeln angehoben und zerstört. Erdwürmer, Ameisen, Nagetiere und andere in der Erde wühlende Tiere tragen ebenso zur mechanischen Zerstörung bei, wie Huftiere. Einen enormen Beitrag zur Zerstörung der kompakten Gesteine leistet der Mensch, wenn er Tunnel vortreibt, Bergwerke und Steinbrüche anlegt oder Straßen baut. Unter der Einwirkung des Wassers und der täglichen, monatlichen und jahreszeitlichen Temperaturschwankungen platzen vom Gestein häufig Schuppen oder Plättchen ab, so daß frisches Gesteinsmaterial freigelegt wird. Mitunter wird ein zuvor festes, horizontal lagerndes Gestein durch ein Netz von Rissen so zerklüftet, daß es einem Kopfsteinpflaster ähnelt.

Nachdem das Gesteinsmaterial losgebrochen ist, geht die physikalische Verwitterung weiter, und Gesteine, die aus großen Mineralkörnern bestehen (wie beispielsweise der Granit) werden so weit zerkleinert, bis schließlich nur noch einzelne kleine Mineralkörner vorliegen. Die kleinen Körner werden durch Wasser oder Wind davongetragen, die größeren jedoch verbleiben an Ort und Stelle und unterliegen weiter der Verwitterung. Auf diese Weise entsteht Gesteinsgrus. In zirkumpolaren (um den Pol gelegenen) Landstrichen und im Hochgebirge ist Gesteinsgrus weit verbreitet.

Mit an erster Stelle unter den Verwitterungsfaktoren steht das Wasser. Durch Lösung chemischer Verbindungen und angereichert mit Kohlendioxid wird Wasser allmählich aggressiv und wirkt nun auf die Gesteine wie eine schwache Säure ein. Die chemische Verwitterung läuft nach und nach in einzelnen Schritten ab. Zunächst wird durch Hydrolyse das Kristallgitter der Mineralien zerstört. Das Wasser dissoziiert zu Wasserstoffionen und Hydroxydgruppen (OH-Ionen), danach erfolgt eine Reaktion mit den einzelnen Kristallaggregaten. Die Ionen treten in die Kristallgitter an Stelle der Atome oder gehen mit ihnen eine Verbindung ein, so daß die Kristallstruktur zerstört wird. Kalzium, Magnesium, Natrium und Kalium gehen in Lösung, Aluminium- und Eisenverbindungen gehen in Hydroxyde über. Der letztgenannte Prozeß wird als Hydratation bezeichnet. Außerdem kommt es bei der chemischen Verwitterung zur Oxydation von Verbindungen des zweiwertigen Eisens mit einem Übergang des Eisens in die dreiwertige Form. Dabei verändert sich nicht nur das Gefüge des Gesteins, sondern auch die Farbe und die physikalischen Eigenschaften (Bild 5.1).

5.1 Bizarre Verwitterungsformen in Altai-Gebirge (UdSSR). Die Verwitterung entlang von Kluftflächen führt zur Auflösung kompakter Gesteine in einzelne isolierte Felsmassive. Die festen Gesteine verwandeln sich in Ton.

Als Endergebnis der chemischen Verwitterung bleibt vom festen Gestein ein weiches toniges Material zurück, dessen chemische und mineralogische Zusammensetzung von der ursprünglichen Zusammensetzung des Ausgangsgesteins und vom Klima abhängt. Ton dient als Rohstoff für die keramische Industrie. Besonders wertvoll ist aus dem Mineral bestehender feuerfester Ton.

Bei der Verwitterung werden jedoch nicht alle Mineralien und chemischen Verbindungen umgewandelt. Es gibt sehr verwitterungsbeständige Mineralien, die von chemisch aktiven Lösungen nicht angegriffen werden. Sie reichern sich in dem Maße an, wie die instabilen Mineralphasen und Verbindungen in Lösung gehen und weggeführt werden.

Bei Verwitterung magmatischer Gesteine werden Gold, Diamanten und andere Edelsteine freigesetzt und angereichert.

Zu den wichtigen Verwitterungsfaktoren gehört auch das Klima. Es bestimmt die Geschwindigkeit und die bei der Verwitterung entstehenden Produkte. Sehr günstig für die völlige Umwandlung der Gesteine und für das tiefe Eindringen der Verwitterungslösungen ist das warme feuchte Klima der Tropen. Das trockene und heiße Klima der Wüsten dagegen schränkt die chemische Verwitterung stark ein, weil der wichtige Verwitterungsfaktor, das Wasser, fehlt. Das dennoch in geringen Mengen vorhandene Kapillarwasser steigt allmählich an die Oberfläche und lagert dabei Salze ab, die den lockeren Wüstensand zementieren, so daß sich dort häufig Gips- oder Salzkrusten bilden.

Eine Temperaturerniedrigung senkt selbst bei hohem Feuchtegehalt die Intensität der Verwitterung und vermindert deren Geschwindigkeit. In einem gemäßigten, relativ feuchten Klima kommt die chemische Verwitterung mit der Zeit zum Stillstand, und die physikalische Verwitterung nimmt zu. Besonders intensiv verläuft die Zerstörung der Gesteine in einem kalten Klima.

Der Boden stellt eine dünne Schicht dar und entsteht bei Verwitterung der Gesteine. Er besteht aus mehreren Horizonten: aus dem Oberboden mit Humusanreicherung, der reich ist an organischen Stoffen und Bodenorganismen; aus dem mittleren Eluvial-Horizont oder Unterboden, der aus oxydierten und ausgewaschenen Tonen besteht; aus dem unteren Horizont, wenig zersetztem und aufgelockertem Gestein, das in der Zusammensetzung dem unterlagernden Ausgangsgestein entspricht. Die Zusammensetzung der Böden und ihre Produktivität hängen vom Klima, von der Pflanzendecke, vom Relief, Ausgangsgestein und von den Bodenorganismen ab.

Oberflächen- und Grundwasser

Die Erosion der Erdoberfläche beginnt bereits mit dem Aufschlagen der Regentropfen.

Wenn Regen auf freiliegenden, unbewachsenen Boden fällt, wird die Erde um jedes Steinchen abgespült, nur unter ihm, vom Stein selbst geschützt, bleibt ein winziger Restchen Boden erhalten. Fällt mehr Regenwasser, als der Boden aufnehmen kann, dann fließt das überschüssige Wasser auf der geneigten Fläche allmählich ab und bewirkt auf den Hängen eine flächenhafte Abspülung. Die Erosion ist um so stärker, je mehr Wasser den Abhang hinabfließt. Innerhalb eines Jahres werden auf dem Abhang so Tonnen fruchtbaren Bodens von jedem Hektar Fläche fortgeführt. Kleine Rinnsale schneiden auf den Hangflächen Rinnen und Furchen ein. Das zu Gerinnen zusammenströmende Wasser verfügt über eine beträchtliche Zerstörungskraft und wirkt auf den Abhang als aktiver Erosionsfaktor. Die Rinnsale verändern die Form der Abhangs, sie spülen Runsen und Wasserrisse aus und schaffen damit kleine Tälchen.

Hänge ohne Pflanzendecke sind der Erosion bevorzugt ausgesetzt. Eine Pflanzendecke schützt den Boden längere Zeit vor Erosion, denn sie vermindert die Wirkung des fallenden und fließenden Wassers, da ihr Wurzelsystem die lockeren Bodenpartikeln gewissermaßen stabilisiert und zusammenhält. Unebenheiten der Erdoberfläche werden durch Verwitterung und Flächenspülung allmählich ausgeglichen. Das von den höher gelegenen Bereichen abgetragene Bodenmaterial gelangt in die Flußtäler. Das Wassereinzugsgebiet wird größer, neue Hänge bilden sich, die Menge des ausgeschwemmten Materials nimmt zu, und im Endergebnis verstärken sich die Prozesse Denudation. Relief des Einzugsgebietes wird hierdurch mit einer mittleren Erosionsrate 1 bis 5 m pro 30 000 Jahren erniedrigt.

Die Flüsse leisten in hohem Maße geologische Arbeit. Das Wasser unterspült und zerstört die Hänge der Flußtäler, es löst chemische Verbindungen, transportiert Schwebestoffe und lagert sie in den Niederungen ab, wo die Strömungsgeschwindigkeit nachläßt. Die Menge des transportierten Materials und die Korngröße seiner Partikel hängen von der Wasserführung und der Strömungsgeschwindigkeit des Flusses ab. Kleine Partikel werden in schwebendem Zustand transportiert, größere Gesteinsbruchstücke jedoch (Gerölle und Blöcke) werden am Grund des Flusses gerollt und geschoben. Nach längerem Rollen über den felsigen Untergrund werden eckige Gesteinsbruchstücke allmählich zugerundet und auch zu abgeplatteten Geröllen, die weiter zu immer kleineren Körnern abgeschliffen werden. Das am Grunde des Flusses transportierte Material glättet und schleift die Sohle des Flußbettes aus und bewirkt dadurch eine Vertiefung des Strombettes.

Jedes Flußsystem besteht aus dem Hauptstrom und den ihm zufließenden Nebenflüssen. Das Flußtal wird mit der Zeit länger, vertieft und verbreitert sein Tal. Flüsse in Gebirgsgegenden leisten enorme Erosionsarbeit. Besonders beeindruckend sind die tiefen und steilwandigen Täler, Cañons (Bild 5.2). Ein besonders spektakulärer Cañon wurde vom Colorado-River in den USA ausgeräumt, der mehrere 100 Meter tiefe Grand Canyon.

Ist die Gefällskurve eines Flusses sehr steil, so bilden sich am Ausbiß widerstandsfähiger Gesteinspartien oftmals Wasserfälle (Bild 5.3). Durch das herabstürzende Wasser und den darin mitgeführten Geröllen werden die Wasserfälle unterspült, ihr Dach bricht ab, wodurch der Wasserfall kontinuierlich seine Position stromauf verlagert (und schließlich ganz verschwindet).

Wie lebende Organismen so altern auch Flüsse. Ihre Strömungsgeschwindigkeit nimmt mit der Zeit ab, die Tiefen- und Seitenerosion finden ein Ende. An beiden Seiten des Strombetts werden wechselweise Sandbänke abgelagert. Sie zwingen den Fluß dazu, Schlingen bzw. Mäander zu bilden. Oft verlassen die Flüsse diese Windungen, sie tiefen sich in ein neues Bett ein, die abgeschnittenen Mäander werden zu verlandenden Altwässern.

5.2 Cañon des Flüsses Kadori (Kaukasus). Der Fluß stellte eine über 500 Meter tiefe Schlucht im Massiv der Kreidekalksteine.

Die Flüsse zerstören nicht nur, sie lagern auch charakteristische Sedimente ab, die als Alluvium bezeichnet werden. Gesteinstrümmer unterschiedlicher Korngröße von großen Kieseln bis zu feinem Ton lagern sich an seichten Stellen, auf Flußauen und schließlich in der Mündung oder im Delta der Flüsse ab. Enorme Mengen an Schwebestoffen werden von den Flüssen in die Ozeane eingebracht. Jährlich befördert die Wolga zum Beispiel 40 bis 50, der Nil 125, der Mississippi etwa 400 und der Indus 450 bis 500 Millionen Tonnen Feststoffe. Praktisch die gesamte Schwebefracht kommt in den Flußdeltas zur Ablagerung. Ein großes Delta kann sich über zehn ja Hunderte von Quadratkilometern erstrecken. Das Delta des Mississippis nimmt zum Beispiel eine Fläche von 150 000, das des Nigers 40 000, des Nils 20 000 und das Delta der Lena 45 000 Quadratkilometer ein.

Das im Delta klastisch abgelagerte Material führt zu einer Aufgliederung des Stromes in eine Vielzahl von Armen, über die das Wasser in die See gelangt. Wenn der Meeresspiegel ansteigt und in der Flußmündung ein schmales Becken oder ein Cañon weit in das Meer hinaus vorspringt, entsteht an Stelle eines Deltas ein Mündungstrichter (Ästuar). Die Mündungen des Ob und des Jenissej sind typische Beispiele hierfür.

Eine große Arbeit leistet das Grundwasser. Es bildet unterirdische Seen und Flußläufe, tritt in Quellen und Geysiren zutage aus und kann in Brunnen erschlossen werden. Die Karsthöhlen in den Kalksteinmassiven verdanken ihre Entstehung dem Grundwasser. Im Grundwasser, d. h. im Untergrund des Festlandes, lagert fast 40mal mehr Wasser als in allen offenen Gewässern (Seen, Sümpfen und Flüssen) der Welt. Das Grundwasser erneuert sich aus den Nieder-

5.3 Wasserfall im Cañon eines Kleinflusses in der Umgebung von Tiflis.

schlägen in Form von Regen oder Schnee. Es löst die chemischen Elemente und Verbindungen in den Gesteinen auf, wird somit mineralisiert, und wenn es in große Tiefen einsickert, wird es erwärmt. In Gegenden mit vulkanischer Aktivität — auf Island und auf der Halbinsel Kamtschatka (UdSSR) — gibt es Grundwasser, das bei der Abkühlung und Erstarrung des Magmas freigesetzt wird. Diese heißen Lösungen sind hoch mineralisiert, so daß daraus Erzmineralien — Kupfer-, Blei- und Zink-Verbindungen — abgeschieden werden. Das Grundwasser gelangt dort in Form von Geysiren (heißen Springquellen) oder heißen Quellen an die Oberfläche.

Das Leben vieler Menschen hängt in zahlreichen Gebieten unserer Erde entscheidend von der Reinheit und der Menge der Grundwasservorräte ab. Viele Städte werden mit Trink- und Brauchwasser aus unterirdischen Quellen versorgt. Große Mengen des Grundwassers werden für die Bewässerung der Felder verwendet. Berechnungen haben ergeben, daß die Brunnen und Quellen pro Tag etwa 120 Milliarden Liter Wasser liefern, also fast ein Fünftel des gesamten von der Menschheit verbrauchten Wassers.

Schon in der fernen Vergangenheit hat man in wasserarmen Ländern Brunnen ausgehoben. Das Niederbringen von Bohrlöchern zur Wassergewinnung wurde erstmals in China und Indien praktiziert. Künstliche Bewässerung durch Nutzung von Brunnenwasser war in Babylonien 2000 Jahre v. Chr. üblich. Starke Verbreitung hatten die artesischen Brunnen (Bild 5.4). Ihren Namen verdanken sie der französischen Landschaft Artois, wo das Wasser aus vielen Brunnen unter Druck bis über die Erdoberfläche aufstieg. Der Überdruck in einem artesischen Brunnen resultiert aus dem hydrostatischen Druckgefälle in den

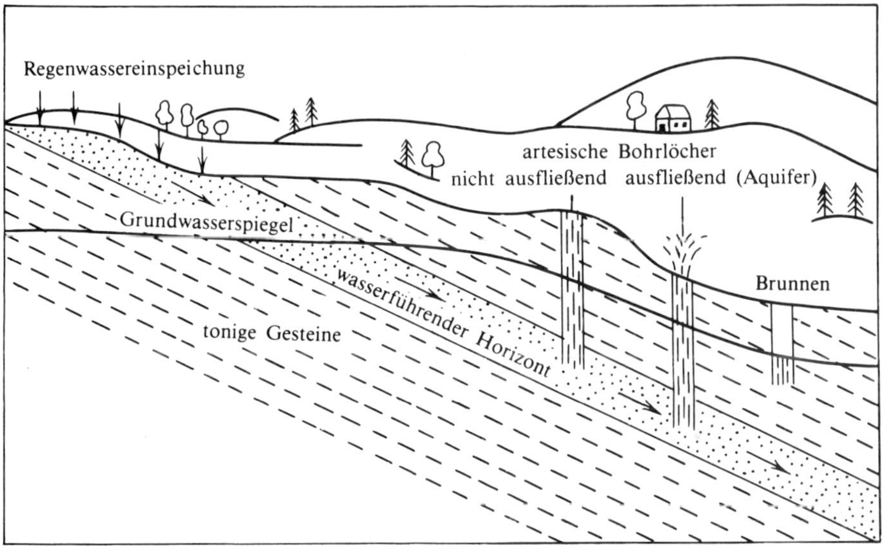

5.4 Schematischer Schnitt durch ein artesisches Becken. Im wassergesättigten Horizont, der zwischen zwei wasserstauenden tonigen Schichten liegt, nimmt der Druck mit der Tiefe zu. Aus den Bohrlöchern strömt das Wasser als Fontäne frei über Gelände aus.

verschiedenen Abschnitten des wasserführenden Horizonts. Riesige artesische Becken liegen im europäischen Teil der UdSSR und in den USA.

Durch Bodenrisse sickert das Wasser schnell in die Tiefe. Sind die Gesteine gut wasserlöslich (zum Beispiel Kalkstein, Dolomit, Gips oder Steinsalz), dann entstehen in ihnen Karstphänomene — Höhlen, Bruchfelder, Erdfälle und Karstrinnen. Man spricht in solchen Fällen von Karsterscheinungen, und der Vorgang ihrer Entstehung heißt Verkarstung. Das Wort ist auf das Kalksteinplateau Karst im Dinarischen Gebirge bei Triest (Jugoslawien) zurückzuführen, wo diese eigenartigen Reliefformen besonders gut entwickelt sind. Hier bilden sich Karren (Schratten) — rinnenartige Vertiefungen, kleine Gräben und Spalten bis 1 oder 2 Meter Tiefe. Sie verlaufen parallel zueinander längs der Hangneigung. Daneben können Dolien und Karsttrichter entstehen. Die Karsttrichter sind besonders häufig und erreichen große Abmessungen. Die steilen Hänge eines Karsttrichters gehen nach unten meistens in eine Karstrinne über, die das herabrinnende Wasser in die Tiefe ableitet. In einigen Gegenden (zum Beispiel im Raum der Krim-Jajla) ist die Oberfläche wie mit Pockennarben von solchen Trichtern überzogen. Auf einem Quadratkilometer liegen zwischen 50 und 100 solcher Trichter. Häufig bilden sich die Trichter unmittelbar vor unseren Augen, dabei stürzen und brechen die Bäume ein, sackt die Erde nach, und bald erscheint an der Einbruchstelle ein tiefer Trichter.

In Gebieten mit Karbonatgesteinen entstehen manchmal im Ergebnis deren fortschreitender Auflösung senkrechte Naturschächte. Stellenweise weiten sich diese Schächte derart auf, daß sie wie gigantische Löcher oder Schluchten anmuten.

Für Karstgebiete sind versickernde Flüsse typisch. An der Schwarzmeerküste des Kaukasus im Raum der Stadt Gagry versickert zum Beispiel das Wasser des Showekwar vollständig, ohne das Meer zu erreichen, und an der Oberfläche verbleibt ein trockenes Flußbett. Nur wenige hundert Meter von der Küste entfernt kann man beobachten, wie in der Tiefe das saubere Flußwasser aus einem unterirdischen Wasserlauf in das Meer austritt und sich dort mit Salzwasser vermischt.

Von großem Interesse für uns sind die Karsthöhlen. Das sind Systeme horizontaler und vertikaler Hohlräume unterschiedlicher Größe und Formen, die zu riesigen Sälen und Grotten aufweiten, um dann wieder zu engen Spalten zu werden. Beeindruckende Höhlen finden sich in vielen Gegenden von Westeuropa, den USA und der Sowjetunion. Die größte Ausdehnung erreicht die Mammoth Cava im Bundesstaat Kentucky (USA). Das riesige Labyrinth ist noch nicht in seiner vollen Länge erforscht. Es besteht aus miteinander verbundenen Gangsystemen mit einer Gesamtlänge von mehreren hundert Kilometern mit unterirdischen Seen, Flüssen und Wasserfällen. In der Sowjetunion sind die Höhlen von Nowy Afon und Kungur allgemein bekannt. Die riesigen Säle, umsäumt von pfeilerähnlichen Stalagmiten und bizarr verschlungenen Stalaktiten, die in der Höhle von Nowy Afon künstlich beleuchtet werden, hinterlassen einen unvergeßlichen Eindruck.

Gletscher

Bei Anwesenheit von Wasser und Temperaturen unter 0 °C bildet sich überall Eis — in Seen, Flüssen und Meeren, auf der Erdoberfläche, unter der Erde und in der Atmosphäre. Meerwasser gefriert erst, wenn seine Temperatur auf −4 °C absinkt. In den zirkumpolaren Regionen entstehen längs der Küsten in der kalten Jahreszeit Gletscherwalle bis zu 15 m Höhe. Sie schützen im Winter das Ufer vor der zerstörerischen Wirkung der Wellen, und bei Eisgang transportieren die Bruchstücke dieses Eises eine große Menge an terrigenem Material.

Der Eisgang auf einem Fluß im Frühjahr ist ein unvergeßliches Schauspiel. Die Schollen stoßen aufeinander, bäumen sich auf und zerbersten dröhnend. Sie zerstören die Steilufer der Flüsse und sogar die Sohle des Flußbettes, denn in das Eis ist eine große Menge scharfkantiger harter Gesteinstrümmer eingeschlossen, die die Flanken der Flußtäler abschleifen. Wenn sich Eis an einer Engstelle des Flusses oder in Untiefen ansammelt, wird der Abfluß des Wassers unterbunden. Auf diese Weise werden viele Flüsse Sibiriens und Kanadas aufgestaut, und dies führt infolge von Sauerstoffmangel oftmals zu Fischsterben.

In Gebieten mit einer mittleren Jahrestemperatur unter dem Gefrierpunkt herrscht in dem Boden und dem unterlagernden Gestein Dauerfrost. Dadurch entsteht eine Wechselfolge von gefrorenem Boden und reinen Eisschichten, wie sie an den Ufern der nordsibirischen Flüsse zu beobachten ist. Das Eis reagiert sehr empfindlich auf Temperaturveränderungen. Bei Rückgang der Temperatur nimmt das Volumen der Bodenschichten zu, sie wölben sich auf. Steigt die Temperatur, so taut lediglich die oberste Bodenschicht auf, das Wasser aus dem Untergrund breitet sich an der Oberfläche aus, es entstehen in der Tundra ausgedehnte Sumpfgebiete, da das Eis im Untergrund ein Einsickern des Wassers verhindert.

Im Hochgebirge und in zirkumpolaren Regionen verwandeln sich die als Schnee gefallenen Niederschläge mit der Zeit in Eis, das in der Lage ist zu fließen. Solche als Gletscher bezeichneten Eisströme bewegen sich in Gebirgsgegenden langsam talab und auf vereisten Kontinenten (Grönland und Antarktis) vom Zentrum radial nach außen (Bild 5.5). In Gang gehalten wird ihre Bewegung durch die Schwerkraft, ermöglicht wird sie durch das Gleiten des Eises über die Erdoberfläche. Ein talab fließender Gletscher ähnelt einem Fluß, nur ist seine Geschwindigkeit sehr gering.

Gletscher unterteilt man in drei große Gruppen: Gebirgs- oder Talgletscher; Eisstromnetz oder Vorlandgletscher und schließlich Inlandeis oder Kontinentalvereisung. Die Gebirgsgletscher entstehen im Hochgebirge und werden von den Schneefeldern genährt, sie sind in fast allen Breiten anzutreffen. Die Vorlandgletscher sind in den Polargegenden verbreitet, sie entstehen im Vorland der

5.5 Zusammenfließen zweier Talgletscher.

Gebirge dort, wo die Talgletscher in das Flachland austreten, sich zusammenschließen und dort gewissermaßen in verschiedenen Richtungen auseinander fließen. Inlandeis sind riesige Eisschilde auf ausgedehnten Festlandsbereichen wie in Grönland und der Antarktis. Die Mächtigkeit eines solchen Eispanzers schwankt zwischen einigen hundert Metern über Bergzügen und bis zu 4000 m im Zentrum des Vereisungsgebietes. Im Eis niedergebrachte Kernbohrungen geben Aufschluß über die Zusammensetzung des Eises, das vor Hunderten und sogar vor Tausenden von Jahren entstanden ist.

Gletscher beeinflussen in hohem Maße die Reliefentwicklung, sowohl durch Erosion als auch durch Akkumulation. Ihre Erosionswirkung beruht auf dem Abtransport des lockeren Verwitterungsmaterials, im Eis eingeschlossene Gesteinsbrocken bewirken ein Abschleifen der Täler an der Sohle und an den Talhängen.

Treffen die Gletscher bei ihrer Wanderung auf harte Hindernisse in Form von Felsen oder Hügeln, so werden diese abgeschliffen, sofern die Eismächtigkeit hierzu ausreicht, wobei kleine Furchen und Schrammen entstehen — Kratzspuren der in Eis eingeschlossenen scharfkantigen Gesteinsbruchstücken. Dadurch entstehen kennzeichnende Geländeformen, sog. „Rundhöcker".

In den oberen Teilen der Gletschertäler bilden sich durch Frostverwitterung halbkreisförmige Nischen, die von steilen Felswänden umgeben sind. Sie heißen Kare oder Firnmulden. In den meisten Fällen erweitern und vertiefen sie sich im Laufe der Zeit. Der Raum zwischen den Karen wird immer schmaler, bis nur noch schmale Felsgrate oder isolierte Felsen übrigbleiben.

Bei ihrer Bewegung nehmen die Gletscher riesige Mengen an Gesteinsbruchstücken unterschiedlichster Größe auf. Dabei werden sie allmählich zerkleinert, gerundet und zerrieben. Auf der Osteuropäischen Plattform findet man oft Granitgeschiebe unterschiedlicher Größe an. Lange Zeit konnte niemand erklären, wie sie so weit von ihrem Entstehungsort weg verfrachtet werden konnten. Erst gegen Ende des 19. Jahrhunderts wurden Beweise dafür erbracht, daß die Granitblöcke von Gletschern aus Skandinavien her transportiert worden sind. Zugleich hat man auch andere zuverlässige Zeugnisse für diese Vergletscherung gefunden — „Rundhöcker", Gletscherschrammen sowie die charakteristischen Ablagerungen des glazialen Formenschatzes.

Bei seiner Bewegung führt ein Gletscher Gesteinstrümmer mit sich, die als Moräne bezeichnet werden (Bild 5.6). Je nach ihrer Position bei Transport oder Ablagerung unterscheidet man Grund-, Mittel-, Seiten- und Endmoränen. Die ersten drei Moränen befinden sich in ständiger Bewegung, die Endmoräne jedoch ist stationär und kennzeichnet die jeweiligen Stadien beim Rückzug des Gletscherrandes. Die Moränen bestehen aus sehr unterschiedlichem Material — neben feinen Tonen reicht das Spektrum bis hin zu Geröllen und großen Blökken. Das alles ist bunt durcheinandergemengt und nicht verfestigt.

Neben den typischen Moränen gibt es auch auf dem Schelfbereich in einiger Entfernung vor der Küste Moränenwälle. Sie wurden dort abgelagert, wo die Gletscher unmittelbar ins Meer mündeten.

Gletschereis schmelzt und verdunstet. Im Inneren der Gletscher, vor allem aber an den Rändern, entsteht Schmelzwasser, das als Strom abfließt. Dieses Wasser transportiert eine große Menge an Schwebfracht aus dem Gletscher hin-

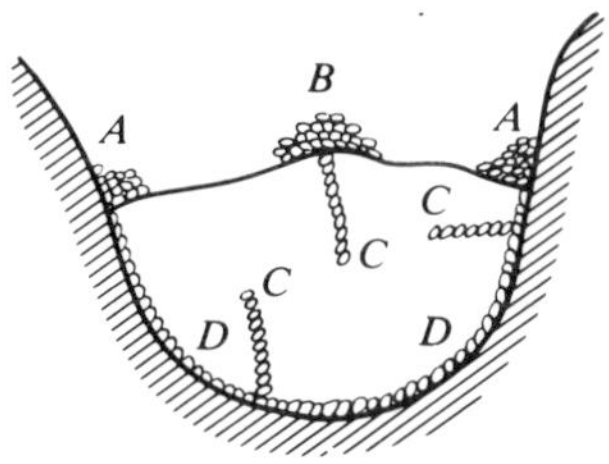

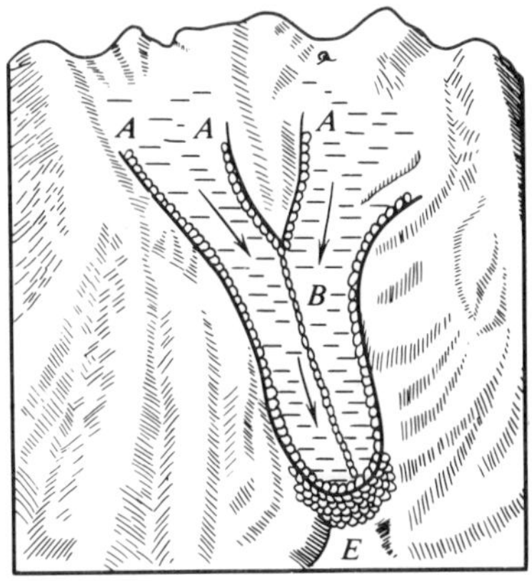

5.6 Lage der Moränen im Gletscher: im Querschnitt (a) und in der Aufsicht (b). Moränen: *A* Randmoräne; *B* Mittelmoräne; *C* Innenmoräne; *D* Grundmoräne; *E* Endmoräne.

aus. Diese Schmelzwasserablagerungen werden als fluvioglaziale Bildungen bezeichnet. Auch sie zeigen spezifische Geländeformen: Sander und Oser (Bild 5.7).

Sander (vom isländischen Sandr) sind sanftgewellte Ebenen vor dem äußeren Rand der Endmoränen. Ihr Material besteht aus Sand, Fein- und Grobkies. Oser (schwedisch Ås, irisch Esker) sind langgestreckte, schmale wallartige Erhebungen, die in Bewegungsrichtung der Gletscher verlaufen. Bei einer Höhe bis 50 m sind die Oser mitunter etliche zehn Kilometer lang. Die Bildung der Oser

5.7 Oser — Wälle, vom Nadelwald bestanden.

5.8 Bändertone in Nordkarelien.

erfolgte vorwiegend durch Schmelzwasserströme in Tunneltälern am Grunde der Gletscher.

Am Rande eines abschmelzenden Gletschers können sich zeitweilig periglaziale Seen bilden, die durch Stauung des unter dem Gletscher abtauenden Schmelzwassers entstehen. In der Sommerzeit, wenn es zu einer verstärkten Abschmelzung der Gletscher kommt, gelangt in diese Gletscherseen mehr oder minder grobes Sedimentmaterial. Im Winter geht der Anteil an Schmelzwasser zurück, und feine Partikel können noch transportiert werden. Deshalb werden in den Gletscherseen im Sommer überwiegend sandige, im Winter tonige Sedimente abgelagert. Die Ablagerungen in den Seen ähneln aus diesem Grund den Jahresringen der Bäume. Es handelt sich bei diesen jahreszeitlich bedingten Abfolgen um eine Folge von dunklen tonigen Winter- und hellen sandigen Sommerlagen. Man hat ihnen den Namen Bändertone gegeben (Bild 5.8).

Die Gletscher leisten also insgesamt enorme geologische Arbeit. Sie zerstören und ebnen Unebenheiten auf der Erdoberfläche ein, sie transportieren und akkumulieren Schuttmaterial, wobei sie die einzigartige Glazialmorphologie schaffen.

Die Arbeit des Windes

Die Dynamik der Luftmassen in den oberen und unteren Schichten der Atmosphäre ist von großer Bedeutung für die Veränderung des Antlitzes unseres Planeten — vor allem für das Klima, für Meeresströmungen und das Relief der Erde. Winde entstehen durch die ungleichmäßige Verteilung des Luftdrucks und wehen stets vom Hochdruck- zum Tiefdruckgebiet. Auf großen Wasserflächen bewirken sie Wellengang, doch besonders stark ist ihr Einfluß auf die Erdoberfläche in Wüsten- und Halbwüstenzonen, wo es keine Pflanzendecke gibt und die tageszeitlichen Temperaturschwankungen groß sind.

Die feinen Staubpartikel, die ein Luftstrom mit sich führt, sind auf den ersten Blick nicht sonderlich beeindruckend. Um so erstaunter ist man dann, wenn man erfährt, daß ein Staubsturm 10 bis 100 Tonnen Staub je Quadratkilometer hinterläßt. Besonders beeindruckend für uns ist die alles zerstörende Wucht der Wirbelstürme, die auf einem sehr schmalen, jedoch ausgedehnten Landstreifen bei riesiger Windgeschwindigkeit Häuser zerstören, entwurzelte Bäume, Vieh, Kraftfahrzeuge usw. in die Luft schleudern und über große Entfernungen mitreißen.

Die Winde wirbeln Gesteinspartikel vom Boden auf, verfrachten sie und setzen sie an Stellen ab, wo sich die Geschwindigkeit des Luftstroms stark verringert. Die durch den Wind bewirkten geologischen Vorgänge werden als äolische Prozesse (nach dem griechsichem Gott der Winde Äolus) bezeichnet.

In Halbwüsten- und Steppenzonen läßt wiederholte Ausblasung allmählich Wind- oder Deflationsmulden entstehen, die in der Regel auf dem Grund ausgetrockneter Seen ausgeweht werden. Große Deflationswannen mit einer Länge bis 50 km befinden sich in der Wüste Gobi in Mittelasien und in der Libyschen Wüste.

Der zerstörenden Wirkung des Windes sind auch die Festgesteine ausgesetzt, sie wird dort als Korrasion bezeichnet. Wie dieser Prozeß abläuft, kann man an einem Kraftfahrzeug während eines Sandsturms beobachten. Die Frontscheibe wird durch das Aufprasseln der Sandkörnchen matt, vom Lack der Autokarosse bleibt keine Spur mehr. Genauso werden im Laufe der Zeit auch feste massige Felsen abgeschliffen.

Der selektive Charakter der Deflation äußert sich im Entstehen von Simsen oder Vorsprüngen dort, wo harte Gesteine an der Oberfläche ausstreichen, und von Hohlformen in schwachverfestigten, d. h. weichen Gesteinen. Die Korrasion erzeugt oft seltsame Felsformen (Bild 5.9). In seinen Büchern „Von Kjachta bis Kuldsha“ und „Im Dickicht Zentralasiens“ hat W. Obrutschew anschaulich eine durch Windschliff entstandene Felsen-„Stadt“ mit bizarren Felsformen beschrieben, denen er die treffenden Namen Khan-Palast, Denkmal, Hexenturm, Sphinx, Vogel u. a. gab.

Staubpartikel werden vom Wind in schwebendem Zustand transportiert, während Sandkörner, ausgelöst durch den Wind und das Anschlagen anderer Körner, rollend, hüpfend oder auch schiebend transportiert werden. Die Partikel legen dabei recht große Entfernungen zurück. So zum Beispiel schwebte der Vulkanstaub nach Ausbrüchen des Vesuvs, des Katmais und des Krakataus mehrere Jahre in der Atmosphäre und umkreiste dabei mehrmals die Erdkugel. Der Staub aus den Wüsten Afrikas wird von den Passaten über mehr als 3000 km in den Atlantik hinausgetragen. Bei starken Südwinden erreicht der Staub aus der Sahara den Süden Europas. In Italien fallen häufig rote Regen, die rötlichen Wüstenstaub enthalten.

Die Kornformen des äolisch verfrachteten Sandes und auch des Lößes sind sehr spezifisch und sind ein kennzeichnendes Merkmal für diese Art des Trans-

5.9 Verwitterung und Deflation lassen eigentümliche Landformen entstehen.

portes. Die Flugsande werden aus unverfestigten Flußsedimenten, aus Seeablagerungen und aus dem losen Verwitterungsmaterial ausgeblasen.

Löß ist in China und Mittelasien, in den Halbwüstenzonen im Süden der USA, in Westeuropa und in den Steppengegenden des Südens der UdSSR weitverbreitet. Es handelt sich um ein graugelbes schichtungsloses sehr poröses Lockergestein, entstanden aus Staubpartikeln. Obwohl Löß kein Bindemittel aufweist, haften die Partikel so fest aneinander, daß senkrechte Wände lange Zeit standfest sind.

Äolische Ablagerung läßt zwei kennzeichnende Reliefformen entstehen: in den Wüsten die Barchane (Sichel- oder Bogendünen); im Küstenbereich und an Seeufern, aber auch auf Sandbänken großer Flüsse die Dünen. Die Barchane verlaufen senkrecht zur vorherrschenden Windrichtung. Da ihre flachen Enden schneller wandern als die Mitte, besitzen sie einen sichelförmigen Grundriß; diese Wanderdünen können 15 und sogar 30 m hoch sein. Solche Sicheldünen und auch ganze Höhenzüge, bedeckt von Sandhügeln oder dünnen Sandschleiern, sind in Wüstengebieten weit verbreitet. Barchane und Dünen sind ständig in Bewegung, sie können jedoch durch Pflanzen stabilisiert werden. Die Dünen an der Biskayaküste im Südwesten Frankreichs wandern ins Landesinnere mit einer Geschwindigkeit von 1 bis 2 m pro Jahr. An der Südostküste der Ostsee sind die Dünen innerhalb von 70 Jahren um 13 km vorgerückt. Die Wüstenbarchane wandern mit sehr hohen Geschwindigkeiten und über weite Strecken. Bei starken Stürmen geraten riesige Flächen des Barchansandes in Bewegung, dabei begraben sie auf ihrem Weg Erhebungen, Brunnen und Siedlungen unter sich. Deshalb wird in Wüstengegenden gezielt gegen Sandbewegungen gekämpft. Ein recht wirksames Mittel ist die Fixierung des Sandes durch Pflanzungen. Die

Bäume und Sträucher halten den Sand durch ihre Wurzeln fest, außerdem mildern sie die Wucht des Windes. Als überaus wirksames Mittel zur Bekämpfung der Winderosion und des Vormarsches des Sandes haben sich Schutzstreifen mit Wald erwiesen. Dank dieser Maßnahme konnten Zehntausende Hektar fruchtbaren Bodens erhalten werden.

Die geologische Tätigkeit der Meere

Die Schönheit und die Gewalt der Meereswellen hat den Menschen schon immer in Begeisterung versetzt. Bei starken Stürmen lassen haushohe Wellen große Schiffe wie Holzspäne tanzen und schleudern sie mit verheerender Wucht gegen die Küsten. Keine Betonmauer kann über längere Zeit dem Aufprall der Sturmwellen standhalten. An der atlantischen Steilküste Amerikas zum Beispiel brechen die Wellen mit einer Kraft bis 30 t/m^2 gegen die Küste. Um die Lebensdauer von Küstenschutzbauten wenigstens bis zu einem gewissen Grade zu verlängern, errichtet man dort, wo die Wellen auflaufen, Wellenbrecher, die die Aufprallenergie der Wellen dämpfen sollen.

Im Flachwasser sinkt die Wellengeschwindigkeit durch die Bodenreibung des Wassers. Die Wellen werden immer kürzer und brechen schließlich unter dem Dröhnen der Brandung. Die Meeresküste wird aber nicht nur durch Wellen, sondern auch durch Strömungen beeinflußt.

An der Kaukasusküste des Schwarzen Meeres zerstören Sturmwellen intensiv die Gesteine und bewegen große Brocken. Die Abtragung der Meeresküsten durch Brandung und Wellenbewegung bezeichnet man als Abrasion (Bild 5.10).

5.10 Abrasionsauswirkungen des Baikal-Sees.

Das Wasser dringt in die Felsspalten ein, weitet sie aus und komprimiert die Luft in ihrem Inneren. Bei Rückzug der Welle dehnt sich die zusammengepreßte Luft explosionsartig aus und zerstört das Gestein der Steilküsten. Die Abrasion verläuft viel intensiver, wenn das Wasser Gesteinstrümmer enthält. Die Brandungswellen wirbeln kleinere und große Steine auf und schleudern sie gegen die Felsen. Die Steine zerbrechen, doch vom Ufer werden Stücke los geschlagen. Zunächst bildet sich an seinem Fuß eine Brandungshohlkehle. Die überhängenden Gesteine stürzen schließlich nach, es entsteht ein glattes Steilufer, in dem wieder eine Hohlkehle ausgespült wird. Dieser Vorgang wiederholt sich fortlaufend, die Steilküste wandert immer mehr landeinwärts, und am Ufer entsteht eine zum Meer hin geneigte Fläche, die man als Brandungsplattform bezeichnet. Zwischen dem überfluteten Teil der Brandungsplattform und der Steilküste, dem Kliff, verbleibt ein schmaler, mit Blöcken, Kies und Sand überdeckter Bereich, Meeresstrand.

Das Schuttmaterial wird von den Wellen und den Küstenströmungen sowohl landwärts als auch seewärts transportiert; in kleineren und größeren Buchten sinkt es zum Grund ab und sammelt sich dort an. In Küstennähe bildet es die Strände, aber auch Landzungen und Strandterrassen.

Eine Landzunge ist letztlich die Fortsetzung des Strandes meerwärts bis zum Ende des Flachwasserbereiches. Bekannt ist im Asowschen Meer die Arabat-Landzunge, die sich längs der Küste über mehrere zehn Kilometer erstreckt. Manchmal sperren Sandbarren die Einfahrt in eine Bucht fast völlig ab. Die Sandwälle verlaufen parallel zum Ufer und werden von ihm durch Lagunen getrennt. Für ihre Entstehung sorgt die Wellenbewegung an einer Flachküste.

Doch die geologische Tätigkeit des Meeres ist nicht auf die Küstenbereiche beschränkt. Das Meer kann mit einem riesigen lebenden Organismus verglichen werden, in dem die unterschiedlichsten Prozesse ablaufen und der in aktiver Wechselwirkung mit den anderen Sphären der Erde steht. Die Meere und Ozeane sind die größten Wasserreservoire. In ihnen lebt und entwickelt sich eine Riesenzahl an verschiedenster Organismen. Im Meer laufen komplizierte Prozesse der Sedimentbildung ab, und nicht minder intensiv als auf dem Festland verändert sich das Relief des morphologisch stark gegliederten Meeresbodens.

6. Vulkane und Erdbeben

Der Ausbruch eines Vulkans ist eine bedrohliche gleichzeitig jedoch aber auch eine gewaltige und beeindruckende Naturerscheinung, doch bringt er, was meistens übersehen wird, den Menschen in vieler Hinsicht auch Nutzen. Erstens werden die Hänge eines Vulkans und die umliegenden Gegenden nach einer Eruption von einer Schicht fruchtbarer Asche überzogen, zweitens bilden sich im Gefolge vulkanischer Tätigkeit die Erze und verschiedene Baustoffe, drittens treten in vulkanisch aktiven Gebieten warme und heiße mineralisierte Wässer zutage. Den Geologen schließlich liefern die Vulkanausbrüche unschätzbare Informationen über die Zusammensetzung und den Aufbau der tiefen Bereiche unserer Erde.

Vulkane sind nicht nur eine Besonderheit unserer Erde, sie sind auch auf anderen Planeten weit verbreitet. Man nimmt an, daß der Vulkanismus möglicherweise entscheidend für die Bildung der äußeren Hüllen der Planeten war, darunter auch unserer Erde, und daß dank ihm komplizierte organische Verbindungen entstehen konnten.

Die heutigen Vulkane

Die meisten tätigen Vulkane liegen in der Übergangszone von den Kontinenten zu den Ozeanen. Allgemein bekannt ist der sogenannte Pazifische Feuerring. Allein im Bereich dieses Rings und auf dem Indonesischen Inselbogen sind 75 % aller tätigen Vulkane beheimatet, das Mittelmeer beherbergt nur etwa 5 %, etwas mehr sind es in den Innenteilen der Kontinente (zum Beispiel im Bereich der Großen Afrikanischen Gräben). Bis in jüngster Zeit waren Vulkane noch auf der Arabischen Halbinsel, in der Mongolei und im Kaukasus tätig.

Vulkanausbrüche werden außerdem vom Grunde der Weltmeere registriert. Viele Vulkane sind in den Tiefen der Ozeane verborgen, und nur ein Teil von ihnen ragt in Form einzelner Inseln oder ganzer Archipel heraus: zum Beispiel die Hawaii- und die Galapagos-Inseln, die Samoa-Inseln und andere. Die Vulkane in den Meeren und auch die auf dem Festland sind an die Störungszonen der Erdkruste gebunden. Die ozeanischen Vulkanketten erstrecken sich über 2000 km. Zu ihnen gehören die Hawaii-, die Galapagos-, die Molukken- und viele andere Inseln im Pazifischen, Indischen und Atlantischen Ozean.

Der Stille Ozean wird üblicherweise in drei vulkanische Provinzen unterteilt. Zur westlichen Provinz gehören die langgestrecken Ketten der Archipele: Samoa, die Marschall-Inseln, die Karolinen-, Cook-, Tubuai- und Tuamotu-Inseln. In der zentralen Provinz liegen die vulkanischen Tiefseeberge des Emperor-Rückens und die Inseln Hawaiis. Im Osten des Stillen Ozeans erstreckt sich der Ostpazifische Rücken.

Im Indischen Ozean gruppieren sich die Vulkane im Raum der Komoren und erstrecken sich von den Seychellen bis zu den Maskarenen. Im Atlantischen Ozean liegen viele analoge Inseln auf dem Mittelatlantischen Rücken — das sind die Inseln Jan Mayen, die Azoren, die Kanaren, die Kapverden und Island mit seinen 140 Vulkanen, von denen 26 tätig sind.

Im Altertum hat man die Vulkane angebetet und vergöttert. Daher ist es nicht verwunderlich, daß die Vulkane ihren Namen dem römischen Gott des Feuers und des Schmiedehandwerks Volcanus (Vulcanus) verdanken. So hießen zunächst eine kleine Insel und ein Vulkan im Tyrrhenischen Meer in der Nähe von Sizilien, weil über der Bergspitze immer eine Rauchfahne stand und Feuerfackeln aufblitzten.

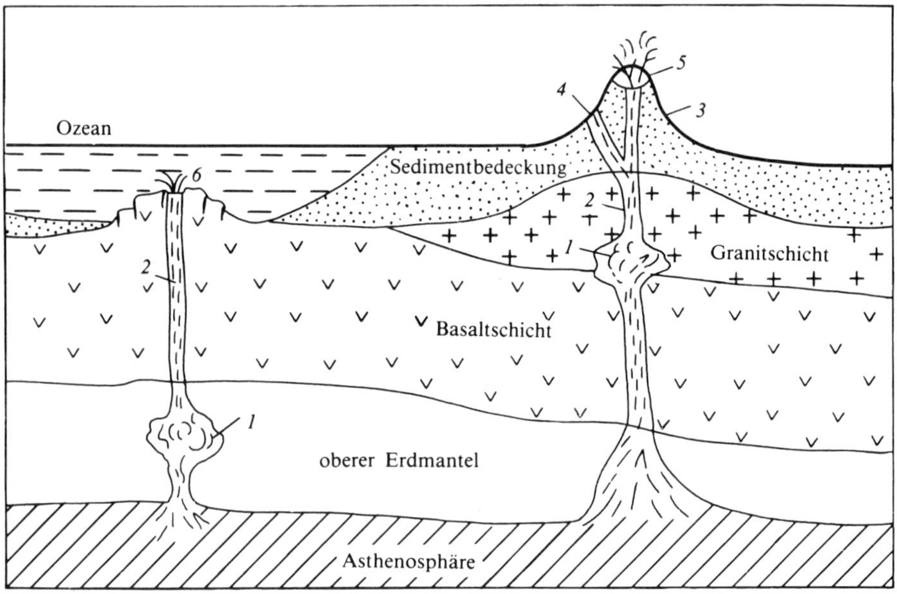

6.1 Aufbau eines Vulkangebäudes. *1* Magmenkammer; *2* Vulkanschlot; *3* Vulkankegel; *4* Seitenkrater; *5* Krater; *6* Vulkan auf einem mittelozeanischen Rücken.

Vulkane sind meist typische Kegelberge (Bild 6.1). Die Hänge werden von erstarrter Lava, vulkanischen Tuffen und Lavabomben bedeckt. Der Gipfel weist eine Vertiefung — den Krater — auf, in dem sich häufig ein Kratersee befindet. Am Grunde des Kraters endet der schlotartig ausgebildete Förderkanal. Dieser ist mit erstarrter Lava gefüllt, bis ein neuer Magmenschub aus der Tiefe empordringt. Infolge der Explosion und des Ausstoßens einer großen Menge an Gesteinsmaterial, kommt es zu Einbrüchen und Absenkungen, es bildet sich im Gipfelbereich des Vulkans eine Caldera, ein Einbruchskessel. Bei der Explosion des Vulkans Bandaisai in Japan entstand zum Beispiel eine Caldera von 2700 m Durchmesser und 400 m Tiefe. Noch größer ist der Kraterkessel des Krakatau. Er erreicht fast 9 km im Durchmesser, seine Sohle liegt 300 m unter dem Meeresspiegel.

Der Ausbruch eines Vulkans bietet ein recht abwechslungsreiches Schauspiel. Das unterirdische Dröhnen wird vom Beben der Erde begleitet. Vulkanische Bomben und Aschenteilchen werden hoch in die Luft hinausgeschleudert, rotglühende Lava fließt die Hänge hinab und ergießt sich in das Vorland hinaus, dabei alles Leben vernichtend. Dies alles ist sehr beeindruckend. Katastrophale Ausbrüche sind im Gedächtnis der Menschheit erhalten geblieben und wurden mehrfach in den verschiedensten Annalen festgehalten. Dank der Beschreibungen des römischen Gelehrten Plinius Secundus besitzen wir eine Beschreibung von dem schrecklichen Ausbruch des Vesuvs im Jahre 79 n. Chr., bei dem eine glühende Aschewolke die Städte Pompeji, Herculaneum und Stabiae völlig verschüttete. Seit diesem Zeitpunkt wurden bis zum 17. Jahrhundert acht schwächere Vesuvausbrüche gezählt. Im Jahre 1631 hatte ein Lavastrom mehrere Dörfer überflutet. Eine andere heftigere Eruption erfolgte im Jahre 1794 und hielt 10 Tage an. Nach Explosionen und starken Erdbeben ergoß sich Lava aus dem Krater. Der glühendrote Lavastrom floß die Hänge hinab und erreichte schnell die blühende Stadt Torre del Greco. Nach wenigen Stunden war die Stadt samt ihrer Einwohner vom Erdboden verschwunden. Nicht einmal das Meer vermochte die Lava aufzuhalten.

Gewaltig war auch der Ausbruch des Vulkans Krakatau im Sunda-Archipel im Jahre 1883. Die Insel Krakatau mit einer Größe von 9 km x 5 km war unbewohnt, und die Beschreibungen des Vulkanausbruchs stammen von Schiffen, die sich damals in der Sundastraße befanden. Am 27. August ereigneten sich vier starke Explosionen. Das Donnern der einen von ihnen war 5000 km weit zu hören. Die in riesige Höhe in die Atmosphäre hinausgeschleuderte Asche verteilte sich über die ganze Welt. Die von der Explosion ausgelösten Springwellen (Tsunamis) stürzten sich über die benachbarten Küsten und kosteten 36 000 Menschen das Leben. Der größte Teil der Insel Krakatau versank in die Tiefen des Ozeans. Das gleiche Schicksal ereilte die Insel Santorin im Süden des Kykladen-Archipels im Ägäischen Meer. Die Tragödie ereignete sich im Jahre 1500 v. Chr.

Zu den heftigsten Vulkanausbrüchen des 20. Jahrhunderts zählen die Eruptionen des Besymjanny auf Kamtschatka (1955) und des El Chichons in Mexiko (1982). Über viele Jahre gab der Besymjanny keine Lebenszeichen von sich und galt als erloschen. Sein Erwachen kündigte sich durch Bodenerschütterungen an, die eigentliche Eruption begann am frühen Morgen des 22. Oktobers 1955. Innerhalb weniger Tage begann der Vulkan sein Material bis in eine Höhe von 8 km hinauszuschleudern. Gewaltige Blitze erhellten die Umgegend, und die Explosionen hielten den ganzen November an. Binnen eines Monats erweiterte sich der Vulkankrater um 500 Meter. Die gigantische Explosion erfolgte dann am 30. März 1956. Die Aschewolke wurde bis in eine Höhe von 40 km geschleudert. Danach begann der Aschefall. Die von der Asche überdeckte Fläche war 400 km lang und 150 km breit. Das Gesamtvolumen der geförderten Asche betrug ungefähr 0,5 Milliarden Kubikmetern. Das äußere Erscheinungsbild des Vulkans hatte sich erheblich verändert, und die umgebenden Gebiete waren von abkühlenden Lavamassen bedeckt. Der Ausbruch erfolgte in einer völlig menschenleeren Gegend, so daß Opfer zum Glück nicht zu beklagen waren.

6.2 Kamtschatka: Vulkan Awatschinskaja Sopka.

Die Tätigkeit der heutigen Vulkane wird in der Sowjetunion auf den Kurileninseln und auf Kamtschatka erforscht, wo die Akademie der Wissenschaften ein vulkanologisches Institut gründete, das erfolgreiche Arbeit leistet. Am Fuße des aktivsten Vulkans von Kamtschatka, dem Klutschewski, werden in einer vulkanologischen Station ständige Beobachtungen geführt. Die Halbinsel Kamtschatka hat insgesamt mehrere hundert Vulkane aufzuweisen, dreißig von ihnen sind heute noch tätig (Bild 6.2).

Vulkanische Tätigkeit

Vulkanausbrüche sind eine gewaltige und bedrohliche Naturerscheinung, angesichts der sich der Mensch hilflos vorkommt. Sie haben viel Leid mit sich gebracht, und nur wenige von ihnen sind ohne Menschenopfer abgelaufen. Die Lavaströme vernichteten Felder und Gärten, Dörfer und ganze Städte. Mit einer dicken Schicht überzog die Vulkanasche alles von Menschenhand geschaffene und verwandelte die blühenden Gärten und Felder zur leblosen Wüste.

Beim Ausbruch des Vesuvs im Jahre 79 n. Chr. kamen etwa 25 000 Menschen ums Leben. Die glühende Gaswolke des Vulkans Mont Pelé erstickte 28 000

Einwohner der Stadt Saint Pierre auf der Insel Martinique. Beim Ausbruch des Vulkans Tambora in Indonesien kamen 1815 über 90 000 Menschen ums Leben.

Allerdings sind Katastrophen dieses Ausmaßes seltene Erscheinungen. In den letzten 500 Jahren haben bei Vulkanausbrüchen etwa 240 000 Menschen ihr Leben eingebüßt. Heute ist man bemüht, den verheerenden Auswirkungen der Vulkaneruptionen vorzubeugen. Mitunter kommen passive Mittel des Schutzes zur Anwendung. Dazu gehören das Anlegen von Siedlungen in relativ ungefährdeten Räumen und das rechtzeitige Voraussagen von Ausbrüchen, um die Einwohner aus der Gefahrenzone evakuieren zu können. Ein aktives Mittel des Schutzes ist die Zerstörung eines Teils des Kraters mittels Sprengungen, damit die Lava eine für die Menschen gefahrlose Richtung einschlägt.

Beim Ausbruch des Kilauea auf Hawaii schüttete man im Jahre 1955 vor der Front des Lavastroms einen Erdwall von etwa 300 m Länge schräg zur Strömungsrichtung auf. Als die Lava den Wall erreicht hatte, wurde sie abgelenkt, und die Dorfbewohner waren gerettet. Es wird nicht mehr lange dauern, bis der Mensch es gelernt hat, die Wucht des Vulkanausbruchs zu schwächen. Es gibt Pläne Bohrlöcher bis in 2 km Tiefe in den Vulkanschlot niederzubringen, damit die sich dort ansammelnden Gase durch die Bohrungen abziehen können. Damit könnte möglicherweise eine Explosion vermieden werden.

Bei Vulkanausbrüchen wird eine große Menge von Gas und Wasserdampf freigesetzt. Später kondensiert das Wasser und fällt im Eruptionsraum als heftiger Regen nieder. Die riesigen Wassermassen strömen als verheerende Sturzbäche über die Hänge in Tobeln und Schluchten hinab und reißen dabei Asche, Sand und Vulkanbomben mit sich. Die dadurch entstehende flüssige Masse fegt gleich einer Lawine die Hänge des Vulkans hinab, auf ihrem Wege Zerstörung hinterlassend. Im Vorland fließt der Schlammstrom in die Breite und verschüttet Bauwerke, Felder und Gärten.

Zugleich jedoch stellen vulkanische Aschen und Sande nach ihrer Ablagerung ein ausgezeichnetes Düngemittel dar, denn sie enthalten große Mengen an Phosphaten, Stickstoffverbindungen, Kalium, Magnesium und Kalzium. So erklärt es sich, daß die Menschen nach einem Vulkanausbruch ungeachtet der möglichen Gefahr immer wieder in ihren früheren Siedlungsraum an den Hängen der Vulkane zurückkehren und dort Felder bestellen und Gärten anlegen. So war es auch an den Hängen des Vesuvs, wo die zerstörten Städte und Dörfer von neuen Siedlungen mit Obstgärten, Weingärten und Feldern abgelöst wurden. Genauso schnell wurden auch die Vulkanhänge in Indonesien, Japan und auf den Pazifikinseln wieder besiedelt.

Eine gewisse Gefahr bilden die Kraterseen, denn bei Kontakt des glühenden Magmas mit Wasser kommt es zu einer Explosion und riesige Wassermassen stürzen den Abhang hinab, alles auf ihrem Wege niedermachend. Zur Sicherheit legt man in Kratern tätiger Vulkane mitunter Tunnel an, durch die das Wasser vor der Eruption rechtzeitig abgeleitet wird.

In vulkanisch aktiven Räumen steigt heißes (Thermal-) Wasser zur Oberfläche empor. Es sammelt sich in relativ geringen Tiefen an, so daß die Erdwärme vom Menschen genutzt werden kann. Wasserdampf und erhitztes Wasser, unter hohem Druck aus dem Erdinneren, werden in Island zur Beheizung von Wohngebäuden und Treibhäusern sowie zur Erzeugung von elektrischer Energie genutzt. In Italien stammen fast 10 % der gesamten elektrischen Energie aus Kraftwerken, die mit vulkanischen Dampf betrieben werden. In der Regel handelt es sich um Gase und Wasserdampf mit einer Temperatur von 174 bis 240 °C und einem Druck von etwa $16 \cdot 10^5$ Paskal.

Auf Kamtschatka ist ein umfangreiches Programm zur Nutzung der unterirdischen Wärmeenergie ausgearbeitet worden. Dort gibt es mehr als einhundert Thermalwasserquellen, und das Geothermal-Heizkraftwerk Paushet erzeugt nicht nur elektrische Energie, sondern übernimmt gleichzeitig die Wärmeversorgung von Wohngebäuden, Treibhäusern und Schwimmbädern.

Zur Zeit befassen sich die Wissenschaftler mit der direkten Nutzung der Eruptionsenergie. Absolut betrachtet wird hierbei eine riesige Menge Energie freigesetzt. So entspricht die Eruptionsenergie eines kleinen Vulkans der von einigen zig Atombomben von der Größenordnung, wie sie von den Amerikanern Ende des Zweiten Weltkriegs über Hiroshima und Nagasaki abgeworfen wurden. Man hat berechnet, daß bei der verhältnismäßig schwachen Eruption des Ätnas auf Sizilien im Jahre 1928 eine Energie freigesetzt worden ist, wie sie von allen italienischen Kraftwerken zusammen im Zeitraum von drei Jahren erzeugt wird.

Auf der an tätigen Vulkanen reichen Halbinsel Kamtschatka arbeitet man heute an einem Projekt, das die Gewinnung von Wärmeenergie unmittelbar aus der Magmenkammer vorsieht. Unter dem Krater des Vulkans Awatschinskaja Sopka befindet sich in einer Tiefe von etwa 4 km glühende Lava mit einer Temperatur von 700 bis 800 °C. In Richtung auf den Magmenherd sollen nun Bohrlöcher niedergebracht werden. Durch sie soll kaltes Wasser eingespeist werden, das in der Tiefe rasch in Dampf übergehen wird. Selbst wenn nur 10 % der Wärme des Magmas genutzt werden könnten, reichte diese Menge aus, um ein geothermisches Kraftwerk von 1000 Megawatt über einen Zeitraum von 200 Jahren betreiben zu können.

Zu den Vorzügen der Vulkane gehört ihre Fähigkeit, zahlreiche wertvolle Mineralien, Gesteine und Erze an die Erdoberfläche zu bringen. Bei Eruptionen werden zusammen mit den Gasen Kupfer, Zinn, Blei, Silber, Gold, Nickel und andere Metalle in die Atmosphäre hinausgeschleudert. Während eines Ausbruchs setzt zum Beispiel der Ätna 9 kg Platin, 240 kg Gold, 420 000 Tonnen Schwefel zusammen mit vielen anderen Elementen und Verbindungen in die Atmosphäre frei. Sie alle befinden sich in feinverteiltem Zustand, sie können jedoch nach ihrer Ablagerung in einigen Gegenden von wirtschaftlicher Bedeutung sein.

Besonders reich an wertvollen Mineralien und Gesteinen sind die Austrittsstellen von Thermalquellen, wo sich mitunter Schwefel, Bor, Quecksilber usw. ablagern. Die bei Eruptionen entstehenden Gesteine sind für uns ebenfalls wertvoll. Basalte und Andesite werden nicht nur für den Straßenbau, sondern auch als Verblendmaterial genutzt. Tuff ist ein vorzügliches Baumaterial. Er läßt sich leicht mit einer gewönlichen Säge zersägen und verfügt über gute schalldämmende Eigenschaften. Zahlreiche Häuser in Jerewan und in anderen Gegenden des Kaukasus sind aus verschieden farbigem Tuffmaterial gebaut.

Die Vorhersage von Vulkanausbrüchen und die Beherrschung ihrer Wirkungen ist eine äußerst wichtige und komplizierte Angelegenheit. Dazu sind ausgezeichnete Kenntnisse der alten Vulkane und deren Besonderheiten erforderlich. Ein Vulkanologe muß bis in jede Einzelheit mit den Abläufen der Eruption vertraut sein, nicht nur mit den Vorgängen an der Oberfläche, sondern auch mit den Prozessen in den Tiefen der Erde.

Der Beruf eines Vulkanologen setzt Hingabe und Mut voraus. Ein Vulkanausbruch kann zwar aus sicherer Entfernung von vielen Kilometern photographiert oder gefilmt werden, es kommt aber auch darauf an, Proben der glühenden Lava zu nehmen, ihre Temperatur zum Zeitpunkt der Eruption zu messen usw. Der belgische Vulkanologe Harun Tazieff, uns auch als Verfasser von Büchern über Vulkane bekannt, stieg mehrmals in die Krater tätiger Vulkane hinab und entnahm dem siedenden Lavasee Proben der Lava sowie der Asche.

Die sowjetischen Vulkanologen können Vulkanausbrüche auf der Halbinsel Kamtschatka beobachten und unmittelbar erforschen. Sobald Anzeichen für ein Aktivwerden des jeweiligen Vulkans vorliegen, wird sofort eine Expedition auf den Weg geschickt. Mit Hubschraubern bringt man die Forscher auf den Abhang des tätigen Vulkans. Dort untersuchen sie eingehend die Zusammensetzung der ausströmenden Gase und des Wasserdampfes, der vulkanischen Asche und der Vulkanbomben sowie der noch nicht erstarrten heißen Lava.

Ursachen und Verbreitung von Erdbeben

Erdbeben haben ihre Ursache in Oszillationsbewegungen der scheinbar festen und unbeweglichen Erdoberfläche. Die Menschen kennen Erdbeben seit undenklichen Zeiten und haben sie immer gefürchtet, denn neben den Vulkanausbrüchen, den Überschwemmungen und den Taifunen verursachen diese Erscheinungen erhebliche Zerstörungen mit Menschenopfern. Mitunter führen die Erschütterungen der Erdoberfläche zu schrecklicheren Auswirkungen als die Vulkanausbrüche. Tokio, Lissabon, Skopje, Guatemala, Managua, San Francisco, Aschchabad und andere Städte sind seinerzeit von Erdbeben zerstört worden. Die im Erdinneren entstehenden seismischen Wellen breiten sich mit hoher Geschwindigkeit in alle Richtungen aus, ähnlich wie sich Schallwellen in der Luft ausbreiten. Diese Wellen werden mit speziellen Geräten — Seismographen — nachgewiesen und aufgezeichnet.

Bewegungen der Gesteine und Stoßwellen sind nicht die einzigen Anzeichen von Erdbeben. In Tiefen von mehreren zehn und sogar hundert Kilometern kommt es zu einer Verschiebung der Gesteinspakete. Im Epizentrum des Erdbebens, das heißt in der Projektion des Erdbebenherdes auf die Erdoberfläche, verursacht die Erschütterung zahlreiche gefährliche Folgen. In Städten zum Beispiel geraten die Gebäude in Schwingungen und stürzen ein. Kurzschlüsse in Stromleitungen und Beschädigungen der Stadtgasnetze lösen Brände aus. Die locker gelagerte Sedimente geraten bei Erdbeben ins Rutschen oder setzen sich. Besonders verheerend sind die Rutschungen und Einstürze in Gebirgsgegenden und Hügelländern. In Küstengebieten entsteht eine weitere Gefahr — die gigantischen Tsunamiwellen. Sie werden von Seebeben ausgelöst, pflanzen sich auf der Wasseroberfläche der Meere und Ozeane fort und zerstören als gewaltige Flutwellen selbst die Städte an den Küsten.

Die Intensität eines Erdbebens wird in Intensitätsgraden gemessen oder durch seine Magnitude ausgedrückt. Die Magnitude entspricht dem Logarithmus der in Mikrometern ausgedrückten Amplitude der größten Erdbebenwelle, die mittels Seismographen 100 km vom Epizentrum entfernt registriert wird. Die Magnitude schwankt von 1 bis 9. Beträgt sie zum Beispiel 5, so ist damit gemeint, daß die Energie des jeweiligen Erdbebens 10mal größer ist als bei Erdbeben mit der Magnitude 4.

Die Angabe in Intensitätsgraden steht für das qualitative Maß der Einflußnahme des Erdbebens auf einen bestimmten Punkt der Erdoberfläche. Die Stärke des Erdbebens beurteilt man dabei nach der 12teiligen Mercalliskala. Mit größerer Entfernung vom Epizentrum nimmt die Kraft der Erdstöße ab. Ein Erdbeben des Intensitätsgrades 7 kann große Zerstörungen im Epizentrum verursachen, doch richtig konstruierte erdbebensichere Bauwerke halten solchen Stößen stand. Zu umfangreichen Zerstörungen kommt es bei Erdbeben mit Intensitäten über 7.

Die primäre Ursache dieser Erscheinung besteht in der Umverteilung von Energiezuständen im Erdinneren. Zu nennen sind auch andere Ursachen von Erdbeben: 1. tektonische Bewegungen, sowohl horizontaler als auch vertikaler Art; 2. Vulkanismus; 3. Anregung der Erdkruste durch künstliche Sprengungen.

In der Erdkruste entwickeln sich unterschiedliche Wellensysteme. Bei Longitudinalwellen schwingen die Bodenteilchen in Ausbreitungsrichtung, bei der anderen Gruppe, den Tranversal- oder Scherwellen, schwingen die Teilchen quer zur Fortpflanzungsrichtung der Wellenfront. Beide Wellenarten sind direkt oder indirekt für Erdbeben verantwortlich. Die seismisch aktivsten Gebiete liegen entlang der Pazifikküsten, an Inselbögen und entlang der Tiefseegräben (Bild 6.3). Mehr als 90 % aller Erdbeben sind an tiefliegende Störungszonen der Erdkruste gebunden. Nur etwa 5 % der Erdbeben entstehen an den Dehnungszonen der ausgedehnten mittelozeanischen Rücken. Das sind diejenigen Stellen, an denen basaltische Schmelzen aus dem Inneren der Erde aufsteigen und an denen die ozeanische Kruste periodisch aufreißt, so daß Längsverwerfungen entstehen.

Erdbeben werden weiterhin an sogenannten Transformstörungen ausgelöst. Diese verlaufen senkrecht zu den mittelozeanischen Rücken, und an ihnen verschieben sich allmählich und in unterschiedlichem Maße einzelne Abschnitte des Meeresbodens. Beispiel einer solchen Störung auf dem Festland ist die San-Andreas-Verwerfung in Kalifornien. Die maximale Verschiebung entlang dieses Bruchs betrug während des Erdbebens von 1906 etwa 7 m.

Durch hohe Seismizität ist der Alpen-Himalaja-Faltengebirgsgürtel gekennzeichnet. Besonders erdbebengefährdet ist die Türkei. Bei dem Erdbeben von 1939 kamen in Erdsindshan ungefähr 40 000 Menschen ums Leben. Seitdem folgten dort noch weitere 20 Erdbeben, die mehr als 20 000 Menschen das Leben kosteten. Diese Erdbeben waren größtenteils an die Anatolische Störungszone gebunden. Sie findet ihre Fortsetzung nach Osten in den südlichen Transkaukasischen Raum, wo die dort auftretenden Beben mit der aktiven Verschiebung entlang dieser Plattengrenze verbunden sind. Dazu gehört unter anderem das heftige Erdbeben, das sich im Dezember 1988 in Nordarmenien ereignete.

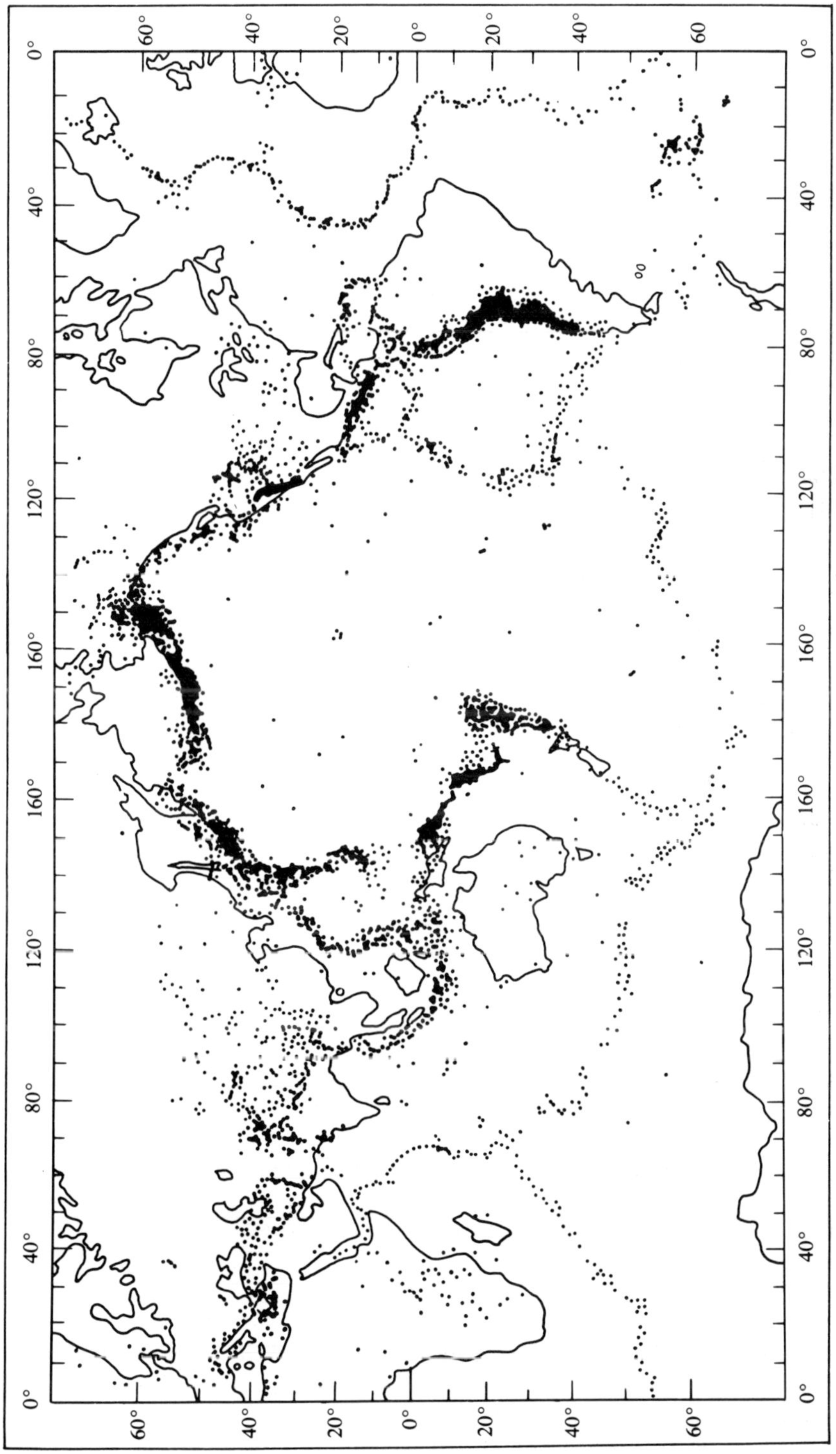

6.3 Verteilung der Erdbeben auf der Erde. Die höchste seismische Aktivität weist der Pazifische Feuerring auf. Seismisch aktiv sind die Räume der mittelozeanischen Schwellen und der jungen Faltengebirge.

In dieser Zone stoßen die Eurasische und die Afrikanische lithosphärische Platte zusammen. Zur Zeit erfolgt entlang dieser Bruchzone eine horizontale Verschiebung. Der südliche Block wandert hierbei mit etwa 10 cm pro Jahr nach Westen.

Lokale und relativ schwache Erdbeben haben ihre Ursache häufig in vulkanischer Tätigkeit. Vulkanausbrüche und Aufstieg des Magmas aus der Tiefe 50 bis 70 km werden von Bodenerschütterungen begleitet.

Auf unserem Planeten gibt es zwei große Erdbebenzonen: den Zirkum-Pazifischen Bereich und den Alpen-Himalaja-Gebirgszug. Erstere erstreckt sich von Chile nach Mittelamerika, bildet einen Bogen in den Karibik-Antillen-Raum, durchquert Mexiko, Kalifornien, die Aleuten, erfaßt die Halbinsel Kamtschatka, die Kurileninseln, Japan, die Philippinen, Indonesien und Neuseeland. Der Alpen-Himalaja-Faltengebirgs-Gürtel beginnt in Spanien und umfaßt die Gebirge Südfrankreichs, Italiens, Jugoslawiens, Griechenlands, der Türkei, der südlichen Sowjetunion (Karpaten, Krim, Kaukasus, Pamir), des Irans, Nordindiens und Burmas.

Erdbeben sind überwiegend auf die Randzonen der Kontinente und die Vulkanzonen beschränkt. Allerdings gibt es Gegenden, wo Erdbeben eigentlich nicht vorkommen dürften, zum Beispiel in Ostafrika und Ostsibirien (um und hinter dem Baikal), die jedoch seismisch sehr aktiv sind.

Die Kernzonen der alten kontinentalen Plattformen und Schilde sind nur in geringem Maße seismisch aktiv. Der Kanadische, der Brasilianische und der Skandinavische Schild, Sibirien, Afrika, Australien, die Antarktis werden selten von Erdbeben heimgesucht, da diese lediglich in tektonisch aktiven Gebieten auftreten.

Die Erforschung von Erdbeben und ihre Vorhersage

Erdbeben werden mittels Seismograph registriert. Das erste Gerät dieser Art ist wahrscheinlich schon im 2. Jahrhundert n. Chr. in China gebaut worden. Seit dieser Zeit wurden diese Geräte ständig verbessert. Leistungsfähige selbstaufzeichnende und sehr empfindliche Seismographen, wie wir sie heute benutzen, sind vor rund 100 Jahren entwickelt worden. Ihr wichtigster Bestandteil ist ein reibungsfrei aufgehängtes Pendel, das bei Bodenbewegungen in Ruhe bleibt. Zur Registrierung der Bodenbewegungen relativ zum Pendel verwendet man mechanische, optische oder elektromagnetische Verfahren. Die Aufzeichnung erfolgt heute in der Regel auf lichtempfindlichem Papier, das über eine Registriertrommel läuft. Bei Ruhe wird eine gerade Linie aufgezeichnet, Bodenerschütterungen sorgen für Ausschläge der entsprechenden Größe.

In den letzten Jahren stellt man in stillgelegten Gruben und in speziellen Betonbunkern neben den empfindlichen Seismographen auch verschiedene Lasergeräte auf. Sie registrieren nicht nur die schwachen seismischen Wellen, sondern ermöglichen auch die Überwachung der großer Bruchzonen und lassen darüber hinaus geringfügige Bodenverschiebungen erkennen.

Künstliche Sprengungen zur Auslösung seismischer Wellen werden verstärkt zur Ermittlung der Zusammensetzung des oberen Teils der Erdkruste genutzt, man verwendet sie vorwiegend für die Erkundung von erdöl- und erdgashöffigen Strukturen. Die seismischen Wellen werden dabei von Seismographen-Gruppen wahrgenommen und aufgezeichnet, die entlang einer jeweils vorgegebenen Richtung angeordnet sind.

Die unterschiedliche Ausbreitungsgeschwindigkeit der seismischer Wellen in den verschiedenen Gesteinen und Materialien erlaubt Aussagen über die Beschaffenheit des tieferen Untergrundes. Die Untersuchungen konzentrieren sich vor allem auf das Maß der Reflexion und der Brechung der Wellenfronten. Eine Serie von Sprengungen ermöglicht es, die Tiefenlage der reflektierenden oder brechenden Schicht an verschiedenen Stellen zu ermitteln, sie kartenmäßig zu erfassen und die Struktur der unterlagernden Gesteine zu ergründen.

Beobachtung und Erforschung der seismisch aktiven Räume erfolgt unter dem Aspekt der Vermeidung katastrophaler Auswirkungen von Erdbeben. Sind aber Vorbeugungsmaßnahmen überhaupt möglich? Viele Bauwerke in Ortschaften werden durch starke unterirdische Stöße beschädigt oder gar zerstört. Der Grad der Beschädigung hängt jedoch nicht nur von der Stärke des Erdbebens, sondern auch von der Konstruktion der Bauwerke ab. Zur Zerstörung kommt es durch Instabilitäten des Baugrunds und mangelnde Festigkeit des Mauerwerkes.

Bei der Bautätigkeit in seismisch gefährdeten Zonen müssen viele geologische Faktoren berücksichtigt werden, die für die Standfestigkeit der Gebäude von Wichtigkeit sind. Eine ideale Voraussetzung ist die Gründung des Fundaments in festem Fels. Baut man auf schwach verfestigten Böden, steilen Hängen und geschüttetem Untergrund, muß man bogenförmig angeordnete Betonfundamente vorsehen. Ungünstig ist die Errichtung von Gebäuden auf Küstenkliffen, in der Nähe von Steilhängen, tiefen Mulden oder auf rutschungsgefährdeten Hängen sowie auf Gelände mit hohem Grundwasserspiegel.

Die Praxis hat überzeugend nachgewiesen, daß Stahlbetongebäude über gute Standfestigkeit verfügen. Zur Erhöhung der Erdbebenfestigkeit von Stein- und sogar von Holzhäusern benutzt man Befestigungsklammern, Stützen und Träger. Besonders erdbebensicher ist eine flexible Konstruktion, die bei Erdstößen als Ganzes nachgibt, so daß keine Risse entstehen und die einzelnen Teile des Bauwerks sich gegenseitig nicht beeinflussen.

Die starken Zerstörungen beim Erdbeben in Italien 1930 erklärten sich daraus, daß man für den Bau schwere Natursteine benutzt hatte. Viele Zerstörungen in Skopje (Jugoslawien) von 1963 rührten daher, daß der Zement mit dem schlecht ausgewaschenen Füllmaterial nur eine schwache Bindung eingehen konnte und weil die Stahlbetondecken nur dünn waren und überdies auf schlecht gebundenem Ziegelmauerwek auflagen.

Schon lange war die Menschheit bemüht, Erdbeben vorherzusagen. Doch bis heute ist dieses Problem sehr vielschichtig und schwierig zu lösen.

Ein verbreitetes Verfahren der Erdbebenvoraussage fußt auf der Auswertung der Vorbeben. Der Hauptstoß folgt in den meisten Fällen kurz danach. Die Vorbeben können auf Grund von Seismographen-Aufzeichnungen, aber auch aus dem Verhalten von Tieren (Heulen der Hunde, Herauskriechen der Schlangen aus Erdlöchern u. a.) erkannt werden. So ist 1974 in Hainan (China) ein solch sonderbares Verhalten von Tieren beobachtet worden, die sich mehr und mehr beunruhigt zeigten. Nachts um 2 Uhr hat man am 4. Februar bekanntgegeben, daß in naher Zukunft mit einem Erdbeben zu rechnen sei. Die Einwohner verließen ihre Häuser. Um 7 Uhr 30 kam es dann tatsächlich zu einem Erdbeben mit der Magnitude 7,3. Es hatte 90 % der Gebäude dem Erdboden gleichgemacht, doch die Zahl der Menschenopfer war minimal.

Gewisse Fortschritte bei der Vorhersage von Erdbeben sind von sowjetischen Wissenschaftlern erzielt worden. Ihre Prognose fußt auf der Veränderung der Gesteinseigenschaften bei Erdbeben. Es ist bekannt, daß die Geschwindigkeit der seismischen Wellen vor einem Erdbeben abnimmt, weil sich in den Gesteinen Risse bilden, dann jedoch, wenn diese Risse mit Wasser gefüllt werden, nimmt sie wieder zu. Das Erdbeben setzt ein, wenn die Wellengeschwindigkeit wieder den für diese Gesteine üblichen Wert erreicht. Unter Nutzung dieses Umstands läßt sich der Beginn eines Erdbebens voraussagen. Auf dieser Grundlage erfolgte in der Sowjetunion die Vorhersage, in einem Falle geschah dies bereits 4 Monate vor Beginn des Erdbebens. Später ist die Erkenntnis der sowjetischen Wissenschaftler von amerikanischen, japanischen und chinesischen Seismologen bestätigt worden. Sie alle hatten eine zutreffende Prognose in Gebieten mit einem dichten Netz von Seismographen aufgestellt.

Vulkanausbrüche sind nicht an unsere heutige Epoche gebunden, es gab sie auch in der fernen historischen und geologischen Vergangenheit. Weite Gebiete sind von mächtigen Schichten aus Eruptivgesteinen, Asche und Vulkantuffen überdeckt, sie legen Zeugnis ab über gewaltige und langandauernde Ausbrüche in den verschiedenen geologischen Perioden. Dasselbe gilt auch für starke Erdbeben.

Vulkanausbrüche und Erdbeben müssen weiter erforscht werden, denn in Ländern mit aktiver Vulkantätigkeit und mit hoher Erdbebengefahr sind zahlreiche lebenswichtige Probleme damit verknüpft. Diese Naturerscheinungen haben eine Vergangenheit, eine Gegenwart und eine Zukunft. Solange unser Planet am Leben ist, solange sein Inneres aus geschmolzener Materie besteht, wird an der Erdoberfläche Lava ausfließen, wird es zu Verschiebungen von Blöcken innerhalb der Erdkruste und damit zu heftigen Erdbeben kommen.

7. Der Werdegang des Lebens auf der Erde

Die Paläonotologie erforscht die frühere organische Welt der Erde anhand der fossilen Überreste von Tieren und Pflanzen (versteinerte Muscheln, Bruchstücke und mitunter auch ganze Skelette von Tieren, gut erhaltene Abdrücke von Blättern, Trieben und Stengeln auf Schichtflächen) sowie anhand von Spuren ihrer Lebenstätigkeit. Ihre Aufgabe erblickt die Paläontologie nicht nur im Erkennen des Aufbaus und Aussehens der Tiere und Pflanzen oder in der systematischen Einordnung früherer Organismen, sondern auch in der Erforschung des Zeitpunkts, des Orts und der Ursachen der Entstehung und Entwicklung der organischen Welt, im Ermitteln der Ursachen für das Aussterben der einen Gruppen und der Entstehungsbedingungen neuer Organismusformen.

Die Herkunft der Organismen

Zahlreiche geologische und paläontologische Daten bezeugen, daß das Leben auf der Erde schon in der fernen Vergangenheit entstanden ist, zumindest vor 3,5, wenn nicht gar vor 3,8 Milliarden Jahren. Die Entstehung der belebten Materie war das gesetzmäßige Ergebnis bei der Entstehung organischer Verbindungen als der Grundlage des Lebens. Die einfachsten Kohlenwasserstoffe entwickelten sich allmählich bis zur Bildung hochpolymerer Verbindungen in der Atmosphäre unter dem Einfluß von Sonnenstrahlen und elektrischen Entladungen. Diese Entwicklung setzte sich in der Hydrosphäre fort, wo sich hochmolekulare Verbindungen bildeten. Sie erlangten dabei Merkmale der belebten Materie wie die Möglichkeit des Stoffwechsels und die Fähigkeit der Vermehrung. Der anaerobe Charakter des Energiestoffwechsels in den ersten hunderten Millionen von Jahren des Bestehens lebender Organismen war durch das Fehlen von Sauerstoff in der Atmosphäre und Hydrosphäre bedingt.

Die ersten irdischen Organismen sind als Fossilien nicht überliefert, doch es wird angenommen, daß sie den heutigen hüllenlosen Bakterien ähnelten. Diese Organismen vermehrten sich durch Teilung, einen Zellkern besaßen sie nicht. In der frühen Urzeit existierten mikroskopisch kleine blaugrüne Algen und Bakterien. Sie alle waren prokaryote Formen, was soviel bedeutet, daß die Zellen der Organismen keine bestimmte innere Struktur besaßen, vor allem fehlte ihnen der Zellkern. Später folgten dann andere blaugrüne Algen, die eukaryoten Zellen mit komplizierter innerer Struktur und als wichtigstes Element einen Zellkern besaßen. Eukaryote Formen finden sich auch unter den Bakterien. Mit dem Aufkommen dieser Formen begann eine neue Etappe in der Entwicklung der organischen Welt.

Im weiteren Verlauf nahmen zwei Gruppen von Organismen eine führende Stellung ein. Die einen verfügten über die Fähigkeit, unter dem Einfluß der

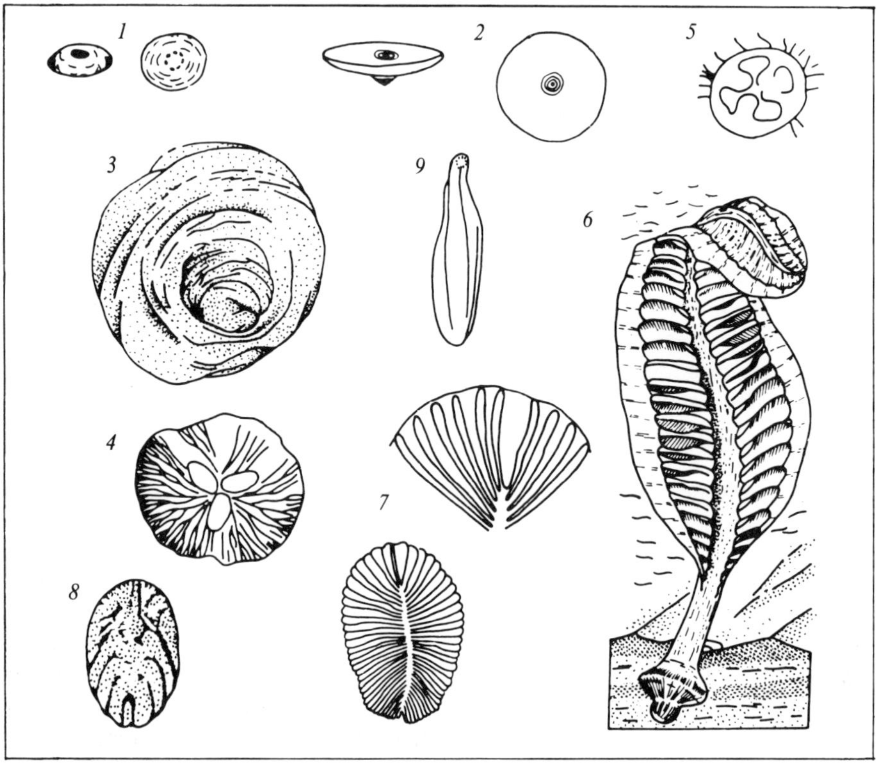

7.1 Vertreter der Meeresfauna im Wendium (nach M. Fedonkin, 1983): *1—5* Medusen; *6* Polypen; *7* Anneliden (Ringelwürmer); *8, 9* Reste der unbekannten Tiere.

Sonnenstrahlen aus Kohlendioxid und Wasser organische Substanz zu produzieren, es waren also Formen, deren Lebenstätigkeit auf der Fotosynthese beruhte. Die anderen Formen lebten vom Abbau der entstandenen organischen Verbindungen. So erfolgte schon in der frühesten Vergangenheit die primäre Unterteilung der organischen Welt in pflanzliche und tierische Organismen.

In Gesteinen, die vor etwa 3 Milliarden Jahren entstanden sind, hat man feine Stäbchen, faden-, kugel-, scheibenförmige und isometrische Hüllen von Algen entdeckt, die allerdings erst im Elektronenmikroskop bei starker Vergrößerung sichtbar sind. In jüngeren Gesteinen sind Produkte der Lebenstätigkeit von blaugrünen Algen und Bakterien überliefert, die oftmals beträchtliche Größe erreichen und die von ihren Formen her den heutigen Riffen gleichen.

Das Aufkommen der ersten mehrzelligen Organismen war an die allmähliche Zunahme des Sauerstoffs in der Atmosphäre und Hydrosphäre gebunden. Im Vergleich zum Archäikum war die Biosphäre im Proterozoikum mächtiger geworden. In der Pflanzenwelt dominierten die blaugrünen Algen. Das Tierreich war noch wenig entwickelt und umfaßte nur wenige Arten. Am zahlreichsten war die Gruppe der Bakterien vertreten. Die Organismen beteiligten sich aktiv an den Prozessen der Zersetzung, Oxydation und Akkumulation anorganischer Verbindungen.

Gegen Ende des Proterozoikums erschienen die Foraminiferen, Radiolarien, Kieselschwämme, Hohltiere, Würmer und die Vertreter der ältesten Gliederfüßler. Sie alle besaßen keine festen Skelettelemente und sind deshalb äußerst selten fossil überliefert.

Sehr wichtige biologische Veränderungen ereigneten sich vor etwa 600 Millionen Jahren. Tiere, die allerdings noch kein festes Skelett besaßen, waren damals weit verbreitet. In ihrer Gesamtheit erhielten sie den Namen Ediacarafauna nach der Hügellandschaft in Australien, wo man sie zum erstenmal entdeckt hat. Die Ediacarafauna bestand vorwiegend aus Hohltieren (Coelenteraten) und einigen Formen, deren systematische Stellung bis heute umstritten ist. Überreste einer von der Zusammensetzung her ähnlichen, jedoch reicheren Fauna wurden in der Sowjetunion von M. Fedonkin an der Weißmeerküste entdeckt (Bild 7.1).

Das Erscheinen Skelett tragender Faunen

Zu Beginn des Phanerozoikums (vor rund 570 Millionen Jahren) besaß die Lebewelt zwar noch archaische Züge, zeichnete sich jedoch im Vergleich zum Präkambrium durch große Vielfalt und Reichhaltigkeit aus, vor allem jedoch durch das Aufkommen von Organismen mit festem Skelett. Die neuen Organismen besaßen Phosphat-Chitin- oder auch Kalkschalen. Recht schnell hatte sich in dieser Zeit die große Zahl fast aller heute bekannten Coelenteraten herausgebildet und verbreitet. Im Präkambrium lebten die Trilobiten, Brachiopoden, Gastropoden, Schwämme, Archaeocyathiden, Radiolarien u. a. Die Archaeocyathiden waren Organismen, die während einen relativ kurzen Zeitspanne den Grund der warmen Flachwassermeere besiedelt hatten. Eine kennzeichnende Tiergruppe waren die Trilobiten. Diese ältesten Gliederfüßer lebten auf schlammigem Grund, einige von ihnen konnten sogar frei schwimmen. Ihr flacher Körper war von einem festen Chitinpanzer bedeckt, der aus drei Teilen bestand: Kopf-, Rumpf- und Schwanzschild. Vor ungefähr 520 bis 500 Millionen Jahren erschienen die ersten primitiven noch kieferlosen und gepanzerten Wirbeltiere, die stark den Fischen ähnelten.

Das aktive Leben beschränkte sich im Kambrium auf die Ozeane, das Festland hingegen stellte eine biologische Wüste dar. Nur in Nähe der Meeresküste, im Gezeitenbereich, wuchsen die ersten primitiven, algenähnlichen Pflanzen. Doch im Unterschied zu den eigentlichen Algen waren sie eine gewisse Zeit an der Luft lebensfähig, sofern diese hoch mit Wasserdampf gesättigt war.

Im Verlauf des Ordoviziums und des Silurs, d. h. in fast 90 Millionen Jahren, entwickelte sich die organische Welt merklich weiter. Bei weitem herrschten die marinen Coelenteraten vor. Das Festland wurde Zug um Zug von der küstennahen Rheniophytenflora* erobert, die Moose und die Bärlappgewächse erscheinen, die sich allmählich in den Bereichen oberhalb der sehr feuchten Flachküsten ausbreiteten.

---

*Die Rheniophyten wurden früher als Psilophyten bezeichnet. Dies waren altertümliche, kraut- und baumartige Gefäßpflanzen, die im mittleren Paläozoikum ausgestorben sind.

Im Meer dominierten die Trilobiten, die Graptolithen, die Coelenteraten und die Brachiopoden. Die Graptolithen waren im Ordovizium erschienen und entwickelten sich stürmisch. Diese Tiere besaßen ein Chitinskelett in Form gerader und gebogener Äste und ähnelten niedrigen Sträuchern. Zum erstenmal traten Hydroidpolypen (Hydroida) und Tetrakorallen (= Pterocollaria) auf. Die Coelenteraten siedelten in großen Kolonien und bildeten ausgedehnte Barriere- und Küstenriffe sowie Atolle. Die Brachiopoden verfügten über eine Kalkschale und einen langen Stiel, mit dem sie sich an festen Gegenständen oder an Bodenunebenheiten anhefteten. Es entwickelten sich die ersten Cephalopoden. Sie dürften wohl mit zu den größten Tieren jener Zeit gehört haben. Zu nennen sind unter ihnen die Nautiloideen mit riesigen gekammerten Gehäusen, die bis zu 2, maximal sogar bis zu 4 Meter Länge erreichten. Die Cephalopoden waren Raubtiere und jagten nahe am Meeresboden aktiv nach ihrer Beute.

Gefährliche Raubtiere waren auch die Seeskorpione. Ihr flacher Körper lief in einen langen Stachel mit Giftdrüse aus. Im Meer lebten außerdem die frei schwimmenden (planktonischen) und sessilen (benthonischen) Foraminiferen, Radiolarien, Schwämme, Würmer, Muscheln und Moostierchen (Bryozoen).

Am Ende des Silurs mußten die primitiven Formen allmählich den vollkommeneren Lebewesen weichen, von denen dann die weitere Entwicklung der organischen Welt bestimmt wurde. Bezeichnend war nun, daß die Tiere und Pflanzen nicht nur den schmalen Flachwasserbereich der Epikontinentalmeere und Ozeane, sondern auch die der Meeresküste ferner liegenden Räume besiedelten. Auf den Kontinent drangen sie überwiegend entlang der Flußtäler vor.

Zu Beginn des Devons, also vor etwa 400 bis 380 Millionen Jahren, beherrschte die Rheniophytenflora die sumpfigen Küsten. Später starben sie aus und machten den Bärlappen, Schachtelhalmen, Farnen und Nacktsamern (Gymnospermen) Platz. Auf dem Festland tummelten sich zu der Zeit bereits große Skorpione, Tausendfüßer und Insekten, und erst zu Ende des Devons tauchten die Wirbeltiere auf. Das waren amphibisch lebende Dachschädler (Stegocephalen).

Die Landschaften des Devons waren nur in den Küstenniederungen und entlang der großen Flüsse und Seen mit Pflanzen bestanden. In den vom Wasser weiter entfernten Gebieten fehlte eine Pflanzendecke.

Unter der marinen Fauna dominierten die Fische, so daß die Devonperiode nicht ohne Grund mitunter als Periode der Fische bezeichnet wird. Manche Fische erreichten bis zu 10 m Länge. Ihr Kopf und der vordere Teil des Rumpfes waren von einem gewaltigen Panzer aus großen Knochenplatten bedeckt. Neben den Panzerfischen belebten Knorpelfische (Haie und Rochen), Quastenflosser und Lungenfische die Meere. Die Quastenflosser verdanken ihren Namen den gewaltigen Flossen, die nicht nur zum Schwimmen, sondern auch zum Kriechen auf dem Grund ausgetrockneter Gewässer dienten. Das quastenförmige Flossenskelett dieser Fische ähnelt weitgehend dem Skelett in den Gliedmaßen der primitiven Landwirbeltiere — den sogenannten Amphibien. Deshalb nehmen viele Paläontologen an, daß die Quastenflosser als die Urahnen zahlreicher Landwirbeltiere zu betrachten sind, während die Entstehung und Verbreitung der Lungenfische durch das periodische, jedoch kurzzeitige Seichtwerden und sogar völlige Austrocknen der Gewässer zu erklären sei.

Das Devon ist durch eine verstärkte Entwicklung der Brachiopoden gekennzeichnet. Die Gesamtzahl ihrer Gattungen betrug mehr als 320, und sie verbreiteten sich in den verschiedenen Lebensräumen der Meere. Zu Beginn des Devons erschien auch eine weitere Gruppe der Cephalopoden — die Goniatiten mit planospiral eingerollten, glatten oder einfach berippten Gehäusen. Starke Entwicklung erfuhr die Korallenfauna, vor allem die Tetrakorallen (Pterocollaria). Zusammen mit den Moostierchen und den Bryozoen bildeten sie gewaltige Riffe.

Die Eroberung des Festlands

Im Verlauf der nachfolgenden Karbonzeit (vor 350 bis 285 Millionen Jahren) bemächtigten sich die Organismen immer mehr des Festlands. Zu Beginn dieser Periode nahm die Zahl der Baumformen unter den Bärlappgewächsen, den Schachtelhalmen und den Farnen enorm zu, doch daneben entwickelten sich auch die niedrigeren Floren wie Algen, Moose und Pilze weiter. Viele Baumformen erreichten eine Höhe von 20 bis 30 Meter. Daneben existierten in den Sumpfwäldern Sträucher neben lianenartigen Gewächsen. Die Pflanzenwelt des Karbons war von ihrer ökologischen Zusammensetzung her recht unterschiedlich. Pflanzengemeinschaften, die an verhältnismäßig kühle Standorte gebunden waren, die sogenannte Gondwanaflora, bestanden aus Vertretern der Gattung Glossopteris („Zungenfarnen"). In den gemäßigten Zonen wuchsen die Cordaiten. Diese Bäume erreichten recht häufig Höhen von 30 Meter und besaßen lange, länglich gestreckte Blätter. Oft spricht man sogar von einer Cordaitentaiga, um die ähnlichen Wachstumsbedingungen anzudeuten. In den feuchten Tropen- und den äquatornahen Zonen wuchsen immergrüne Wälder. Sie bestanden aus baumähnlichen Bärlappgewächsen, Schachtelhalmen und großen Baumfarnen.

Die Pflanzen entwickelten sich nicht nur weiter, sie eroberten auch immer neue Lebensräume, sie entfernten sich dabei immer mehr von den feuchten Küstenniederungen. Im tieferen Karbon waren selbst die niedrig gelegenen Wasserscheiden von Wäldern überzogen.

In diese Zeit fiel die Blütezeit der amphibisch lebenden Stegocephalen. Diese ähnelten riesigen Formen der heutigen Eidechsen und lebten in sumpfigen Niederungen und Flachwasserbereichen. Recht eigenartige Tiere dieser Periode waren die Batrachosaurier, die zwischen den Amphibien und den Reptilien eine Zwischenstellung einnehmen.

In den Meeren dominierten weiterhin die Fische, in erster Linie die Haie. Bei den Wirbellosen des Karbons waren alle zuvor bekannten Gruppen vertreten, doch kennzeichnend für diese Zeit war das völlige Verschwinden der primitiven Formen. Die Graptolithen starben aus, di erostomato (Seeskorpione) und Trilobiten gingen ihrem Ende entgegen, die Zahl der Nautiloideen war zurückgegangen. Verbreitet waren sowohl die frei schwimmenden als auch die am Meeresgrund lebenden Formen. Die Meere belebten verschiedene Gruppen der Foraminiferen, Brachiopoden, Goniatiten, Korallen, Bryozoen (Moostierchen), Seelilien und Seeigel.

Im Perm (vor 285 bis 230 Millionen Jahren) erfolgte eine Umbildung der Tier- und Pflanzenwelt. Zu besonders einschneidenden Veränderungen kam es in der Mitte dieser Periode. Unter den marinen Invertebraten breiteten sich neue Formen der Foraminiferen und Cephalopoden sehr rasch aus: die Fusulinen und die Ammonoideen. Brachiopoden, Muscheln und Gastropoden (= Schnecken) entwickelten sich weiter. Erst gegen Ende des Perms sterben die Tetrakorallen (Pterocollaria), die Fusulinen und alle altertümlichen Vertreter der Brachiopoden, der Cephalopoden, der Seeigel, Seelilien und Fische aus. Dieser katastrophale Prozeß zog sich über etliche Millionen Jahre hin und hatte wahrscheinlich mehrere Ursachen. An erster Stelle standen dabei biologische Faktoren in der Evolution der Organismen selbst sowie deren Beeinflussung durch die Umweltfaktoren, vor allem durch das Klima.

Wesentliche Veränderungen vollzogen sich in dieser Zeit im Pflanzenreich durch. Die höheren Sporenpflanzen und die primitiven gymnospermen Gewächse hatten ihre Vormachtstellung eingebüßt und wurden durch höher organisierte Gymnospermen — Cycadeen („Palmfarne"), Gingko- und Nadelgewächse — abgelöst.

7.2 Inostrancewien und Pareiasaurier, Vertreter der paläozoischen Reptilien.

Auch die Amphibien mußten sich angesichts des Vormarsches der Reptilien (Bild 7.2) allmählich zurückziehen. Ihr Lebensraum wurde immer kleiner. Lange Zeit überlebten sie nur in den sehr feuchten tropischen Regionen. Die Reptilien hingegen mit ihrer intensiven Verdunstung über die Hautoberfläche und folglich mit der Fähigkeit, ihre Körpertemperatur zu regulieren, waren dem heißen und trockenen Klima des Perms viel besser angepaßt. Die bereits im Karbon entstandenen Reptilien (Cotylosaurier und Pelycosaurier) erreichten rasch ihre Blütezeit und bemächtigten sich der wichtigsten Lebensbereiche. Ihr Vorteil gegenüber allen anderen Landwirbeltieren bestand in der gut ausgebildeten Lungenatmung, der intensiven Blutzirkulation und in der dichten Hornschicht, die vor einer übermäßigen Verdunstung schützte.

In der Trias (vor 230 bis 195 Millionen Jahren) entstanden im Pflanzenreich neue Arten und Gattungen von Nadelgehölzen und die Entwicklung der Cycadeen- und Gingkogewächse dauerte fort. Die führende Stellung unter den Landlebewesen nahmen weiterhin die Reptilien ein, doch waren in ihrer Faunenzusammensetzung merkliche Veränderungen eingetreten. Die Cotylosaurier und Theropsidier (der zu den Säugetieren führende Hauptzweig der Reptilien) wurden von den Dinosauriern abgelöst. Unter den marinen Invertebraten erlebten die Cephalopoden, Ammonoideen und Belemnoideen, eine erste Blütezeit.

Die Zeit der Dinosaurier und der Säugetiere

Die organische Welt der Jurazeit (vor 195 bis 138 Millionen Jahren) war sehr typisch. Zu dieser Zeit herrschten die Gymnospermen vor. Ausgedehnte Bereiche waren von Wäldern überdeckt. Coniferen, Benetittalen (baumartige, den Cycadeen ähnliche Pflanzen), Gingkos und Cycadeen waren die wichtigsten Bäume. Das Unterholz und mitunter auch die größeren Dickichte bestanden aus Farnen und Bärlappgewächsen. Im Oberen Jura (Malm oder Weißer Jura) sind die Wälder in weiten Gebieten infolge des trockener werdenden Klimas verschwunden. Es entstanden Landschaften, die Savannen und Halbwüsten ähnelten.

In der Juraperiode erfolgte eine gewisse Differenzierung der Pflanzenwelt sowohl in ökologischer als auch klimatischer Hinsicht. In einigen Gegenden lassen sich für diese Zeit nicht nur eine geographische, sondern auch eine vertikale Zonierung bei der Verteilung des Pflanzenbestands nachweisen, die überwiegend durch unterschiedliche Temperaturverhältnisse bedingt war.

Die Wirbeltierfauna war im Jura durch die Blütezeit der Reptilien gekennzeichnet, zu denen land- und wasserbewohnende, sowie fliegende Pflanzen- und Fleischfresser gehörten, außerdem traten erste kleine Säugetiere auf. Die Vorfahren der Dinosaurier waren kleine Saurier, die Thecodontier, die in der Trias weitverbreitet waren. Größere Formen erlangten erst allmählich die Vormacht. Einige jurassische Dinosaurier erreichten Körperlängen von 20 bis 25 m und wogen 30 bis 50 Tonnen. Es existierten dabei sowohl vier- als auch zweibeinige Arten. Viele dieser Giganten verbrachten die meiste Zeit im Wasser, weil der Aufenthalt auf dem Festland für sie auf Grund ihres hohen Körpergewichtes beschwerlich war. Außerdem bot das Wasser Schutz vor angreifenden landlebenden Raubtieren. Diese schwimmenden Dinosaurier besaßen weit nach hinten versetzte Augen und lange Nasengänge, die ihnen langes Tauchen ermöglichten.

Einige Dinosaurier besaßen darüber hinaus Gliedmaßen mit einer Art Schwimmhäuten, was ihnen ein besseres Laufen auf schlammigem und sumpfigem Boden ermöglichte. Typische Vertreter der pflanzenfressenden Dinosaurier waren die Iguanodone. Sie liefen in halbaufrechter Stellung auf den Hinterbeinen, waren bis 10 m lang und besaßen dreizehige Füße mit Häuten zwischen den Zehen und einen bemerkenswerten Schnabel.

Die schrecklichsten Raubtiere des Juras waren die Carnosaurier. Noch schlimmere Räuber belebten jedoch die Erde in der Kreidezeit.

Die pflanzenfressenden Dinosaurier lebten in Herden zusammen und vermehrten sich durch Eiablage wie heute die Krokodile und Schildkröten.

Zahlreiche Echsengruppen lebten in halboffenen Räumen von der Art der heutigen Savannen. Sumpfige oder von dichten tropischen Urwäldern überzogene Gegenden mit vielen tiefen und breiten Flüssen waren für das Leben der Wirbeltiere ungünstig.

Die führende Rolle in den Gewässern spielten die Ichthyosaurier und Plesiosaurier. Die Erstgenannten ähnelten den heutigen Delphinen. Ihr torpedoförmiger Körper war 5 bis 6 m lang und besaß zu Schwimmflossen reduzierte Extremitäten. Ihre Zeitgenossen, die Plesiosaurier und Pliosaurier, hingegen besaßen gewaltige Flossen, einen langen „Schwanenhals“ und einen kleinen Kopf. Ihr scharfes Gebiß mit vielen spitzen Zähnen machte sie zu gefürchteten marinen Raubtieren.

In der Luft herrschten die Flugechsen mit einer Spannweite der Flughäute von 5 bis 8 m. Ihr Körper war dicht behaart, der lange Schnabel war dicht mit scharfen und langen Zähnen besetzt. Zur gleichen Zeit erscheinen auch die ersten Vögel, die etwa die Größe einer Taube hatten.

In Süßwasserseen und wasserreichen breiten Flüssen mit langsamer Strömung lebten verschiedenartige Muscheln und Schnecken. Die Invertebratenfauna in den normalmarinen Meeren und den Küstenzonen der Ozeane war äußerst vielfältig. Cephalopoden und Muscheln waren weit verbreitet. Letztere umfaßten Formen, die auf dem Gewässergrund kriechen, sich anheften und sich eingraben konnten, außerdem gab es Korallen, Seeigel, Seelilien, Foraminiferen, Schwämme und zahlreiche weitere Organismen.

Im Verlauf der Kreide (vor 137 bis 65 Millionen Jahren) wurde die Entwicklung und Ausbreitung der Organismen noch stärker von den natürlichen Gegebenheiten bestimmt. Es kam zu einer Differenzierung gemäß den landschaftlichen und klimatischen Bedingungen. Gegen Ende der Kreideperiode ereignete sich eine der größten biologischen Katastrophen der Erdgeschichte. Zu dieser Zeit starben die gigantischen Dinosaurier und die großen Flugechsen, die Cephalopoden und einige Vertreter der marinen Invertebraten aus.

In der Mitte der Kreide (vor etwa 100 Millionen Jahren) vollzog sich ein wichtiges Ereignis, das die weitere Entwicklung der Pflanzenwelt bestimmte. Es erscheinen die Vertreter der höheren Pflanzen, die Blütenpflanzen, die nach rund zwanzig Millionen Jahren in den unterschiedlichsten Landschaften dominierten. Die Wälder aus bedecktsamigen Formen (Angiospermen) entsprachen von ihren ökologischen Anforderungen her den heutigen Palmen und wuchsen in tropischen und feuchten äquatorialen Gebieten. In der gemäßigten Klimazone mit erhöhten Niederschlägen und stärker Bewölkung wuchsen Nadelwälder mit Formen, die teilweise sehr breite Assimilationsorgane besaßen und die teilweise ihre Nadeln abgeworfen haben, ähnlich den Gingkobäumen.

Was hatte nun den Wandel der Pflanzenwelt bewirkt? Offenbar hatten die Veränderungen in der natürlichen Umwelt dazu geführt, daß sich die bedecktsamigen Pflanzen sehr schnell über die gesamte Erde ausbreiten konnten und die nacktsamigen und Sporenpflanzen ihnen weichen mußten. Möglicherweise hatte in dieser Zeit die Konzentration von Kohlendioxid und Sauerstoff in der Atmosphäre enorm zugenommen. Das Klima war kälter geworden, es kam zu jahreszeitlichen Temperaturschwankungen, die Feuchtigkeit und die Wolkenbildung gingen deutlich zurück.

In der Oberkreide vollzog sich eine Differenzierung des Pflanzenreiches wie nie zuvor. In den nördlichen Breiten wuchsen Mischwälder mit Nadel- und Laubbäumen, vertreten durch Fichten, Kiefern, Hemlocktannen, Platanen, Radbäume, Nußbäume und Rotbuchen. Südlicher waren die immergrünen feuchteliebenden tropischen Wälder beheimatet, während für die Gegenden mit Trockenzeiten eine Savannenvegetation typisch war.

Die Wald- und Savannenlandschaften waren noch immer überwiegend von Reptilien besiedelt: von den Ornithischiern (mit einem vogelähnlichen Becken) und den Saurischiern (mit einem Echsenbecken). Diese beiden Ordnungen, die sich nur in den Merkmalen des Skelettbaues unterscheiden, können unter den vertrauten Namen Dinosaurier betrachtet werden. Ihr Aussehen war recht furchterregend. Selbst die pflanzenfressenden Formen (Bild 7.3) besaßen eine

7.3 Protozeratopus, ein Vertreter der pflanzenfressenden Dinosaurier.

Panzerung, die nicht nur zum Schutz vor den Zähnen der Raubtiere diente, sondern auch eine drohende Verteidigungswaffe war. Zu nennen sind hier die schweren Panzer mit Stacheln, Auswüchsen, Hornkragen und Stachelkämmen oder die dicken Häute mit kleinen aber festen Deckplatten.

Viele Dinosaurier trennten sich allmählich von den Gewässern und wanderten in die lichteren tropischen Waldgebiete und die trockeneren Savannen ab. Zu den größten und schrecklichsten Raubechsen zählten die Tarbosaurier (Bild 7.4) und die Meganosaurier (Bild 7.5). Sie erreichten Körpergrößen von 8 bis 10 m Höhe, ihr Maul mit den langen und scharfen Zähnen war so groß, daß ein Mensch darin Platz gefunden hätte.

7.4 Tarbosaurus, ein Vertreter der fleischfressenden Dinosaurier.

In den Meeren war das Leben in voller Blüte. Im küstennahen Flachwasserbereich waren zahlreiche Dinosaurier neben Vertretern der Wirbellosen zu Hause. Zu den letztgenannten gehörten zahlreiche und verschiedenartige Mollusken, Brachiopoden, Korallen, Seeigel, Seelilien, Bryozoen und Schwämme.

Das rätselhafte Aussterben der Giganten der Tierwelt zu Ende der Kreidezeit und seine Ursachen beschäftigt die Naturforscher seit langem. 100 Millionen Jahren lang waren die Dinosaurier in der Tierwelt dominierend. Sie lebten in vielen Landschaften der Erdoberfläche, doch dann sind sie sehr rasch, geolo-

7.5 Meganosaurus, ein Vertreter der fleischfressenden mesozoischen Dinosaurier.

gisch betrachtet, fast schlagartig ausgestorben. Einige Wissenschaftler meinen, die Dinosaurier seien durch höher organisierte Säugetiere verdrängt worden, andere wiederum machen die Veränderung der Umweltbedingungen für das Aussterben verantwortlich. Doch aller Wahrscheinlichkeit nach dürften mehrere Faktoren zusammengewirkt haben, die insgesamt diesen Faunenschnitt verursachten. Am wichtigsten könnten hierbei die Zunahme der kosmischen Strahlung, eine Abnahme des atmosphärischen Sauerstoffs, die allgemeine Abkühlung des Klimas und damit eine Veränderung der Vegetationsbedingungen und damit des Nahrungsangebotes gewesen sein.

Einige Wissenschaftler nehmen an, daß das Sauriersterben auf eine Störung im Gleichgewicht der lebenswichtigen Spurenelemente im Boden zurückzuführen sei, andere wiederum meinen, es sei zu einer Massenvergiftung der Dinosaurier durch Alkaloide in den bedecktsamigen Pflanzen gekommen, noch andere halten eine schreckliche Virusepidemie für die Ursache. Wie gezeigt, wurden mehr als genug Theorien aufgestellt, doch keine von ihnen kann die Gründe für das Aussterben der Dinosaurier objektiv und stichhaltig belegen. Viele der genannten Faktoren könnten den Tod einer großen Tiergruppe verursacht haben, doch nur in einem begrenzten Gebiet. Es läßt sich doch kaum vorstellen, daß sich auf der gesamten Erde gleichzeitig oder fast gleichzeitig alle Dinosaurier vergiftet haben sollten oder daß sie alle einer schrecklichen Seuche zum Opfer fielen. Die Antwort steht also noch aus.

In der letzten Ära der Erdgeschichte — dem Känozoikum oder Neozoikum (Erdneuzeit) — erlangte die organische Welt innerhalb von 70 Millionen Jahren das heutige Aussehen. Dominierend im Pflanzenreich wurden die Bedecktsamer, wobei Formen entstanden, die den heutigen gleichen.

Besonders wichtige Veränderungen vollzogen sich bei den Landlebewesen. Die von den Dinosauriern frei gegebenen Lebensräume wurden schnell von Säugetieren erobert. Die ersten Säugetiere waren kleinwüchsig und lebten in Wäldern und Sumpfgebieten. Im Paläogen entstanden unterschiedliche ökologische Gruppen der Säugetiere: Rüsseltiere, Raubtiere, Primaten, Huftiere, Nagetiere u. a. Je nach Landschafts- und Klimaverhältnissen überwog hier die eine, dort die andere Gruppe von Säugetieren. Gegen Ende des Paläogens entwickelte sich in den sumpfigen Gebieten die sogenannte Brontotherierfauna auf. Sie hat ihren Namen von dem typischsten Vertreter dieser Fauna, dem unpaarhufigen pflanzenfressenden großen Brontotherius, der unter die hornlosen Nashörner einzuordnen ist. Zu dieser Faunagesellschaft gehörten weiterhin große schweinähnliche Tiere, Tapirartige und eine ganze Reihe anderer Formen.

Diese Fauna wurde von der indricotherischen Fauna abgelöst, bestehend aus gigantischen hornlosen Nashörnern oder indricotherien (Bild 7.6) sowie den Vorfahren der Pferde und den Nagetieren. Die indricotherische Fauna war vorwiegend an die Savannen und die Galeriewälder (schmale Waldstreifen längs der Flüsse außerhalb der Waldzone) gebunden.

Die weitere Entwicklung der Säugetiere und deren Differenzierung je nach Umweltsituation vollzog sich im Neogen. Das Entstehen von Taiga-, Waldsteppen-, Steppen- und Gebirgsauenlandschaften förderte das Aufkommen der entsprechend angepaßten Faunengemeinschaften.

7.6 Das Indricotherium, ein gigantisches Nashorn des Paläogens (= Alttertiärs).

Vor knapp mehr als 1 Million Jahren waren große Gebiete von Gletschern bedeckt. Für die Verteilung der organischen Welt war das von größter Bedeutung.
Im Quartär entstanden die ersten Tundra- und Waldtundralandschaften und die heute nicht mehr bestehenden periglazialen Gebiete (gletschernahe Steppen). Sie lagen am Rande der Eisschilde und ähnelten weitgehend der heutigen arktischen Tundra.
Die rauhen Naturbedingungen konnten nicht ohne Einfluß auf die landbewohnenden Tiere bleiben. Die weniger angepaßten Tiere starben aus, es erschienen neue Formen, die dank der damaligen „Landbrücken" zwischen den Kontinenten über große Entfernungen wandern konnten.
In der subarktischen Zone, in der Tundra und der Waldtundra waren im Quartär Mammuts, Wollhaarnashörner, Riesenhirsche und Rinder, Moschusochsen, Polarfüchse, Lemminge und andere Tiere beheimatet. In der gemäßigten Zone lebten Elefanten, Nashörner, Bisone, Flußpferde, Bären, säbelzähnige Katzen, Tiger und Mastodone. Weit vielfältiger waren die Säugetiere des tropischen und des äquatorialen Klimagürtels, die den heutigen Formen sehr nahestanden.

Das Leben der Mikroorganismen

Im vorhergehenden Teil hatten wir die Bildung und Entwicklungsgeschichte der mehrzelligen Organismen dargestellt, deren Lebensbedingungen durch Auswertung von Funden und durch eingehende Untersuchung der fossilen Schalenreste von Meeres- und Süßwasserorganismen, der Skelette von Wirbeltieren und der

Abdrücke von Pflanzen entschlüsselt worden sind. Doch die organische Welt besteht nicht nur aus Mehrzellern. Seit dem Erdaltertum bis in die Jetztzeit leben und entwickeln sich recht zahlreiche mikroskopisch kleine Tiere und Pflanzen. Ihre Überreste sind in den Sedimentgesteinen gut erhalten; wir finden sie in Sand- und Tonsteinen, in Kalksteinen und Dolomiten.

Mit der Erfindung des Mikroskops und besonders mit der Nutzung des Rasterelektronenmikroskops konnten in den Gesteinen die Überreste winzigster Organismen nachgewiesen werden. Man entdeckte und beschrieb aus den archaischen und proterozoischen Gesteinen die verschiedenartigen Bakterien, die Conodonten aus den Ablagerungen des Paläozoikums, die mikroskopisch kleine Foraminiferen aus dem Paläozoikum und Mesozoikum sowie die Überreste der Sporen und des Pollens der verschiedenartigsten Pflanzen.

In der Evolution wird seit ältesten Zeiten das Prinzip vom Einfachen zum Komplizierteren eingehalten — von einzelligen Organismen mit ausgeprägtem Zellkern (Eucaryoten) zu den mehrzelligen Weichtieren und später von den Reptilien zu den Säugetieren. In den proterozoischen Gesteinen hat man (bei starker Vergrößerung) rätselhafte „Chitin“-Kügelchen entdeckt. Man nimmt an, dies seien mit einer Hülle überzogene Eier von bisher noch unbekannten Formen von Wirbellosen. In noch älteren Ablagerungen mit einem Alter von 1,3 Milliarden Jahren sind mikroskopisch kleine Algen entdeckt worden. Aber auch sie sind nicht die ältesten Fossilreste. In Westaustralien hat man runde fossile Zellen mit einem Durchmesser von 12 μm beschrieben, die paarweise und zu Tetraden angeordnet sind, die eine gemeinsame Hülle besitzen. Ihr Alter beträgt fast 3,5 Milliarden Jahre, ihr Aussehen gleicht dem der modernen Algeclorella.

Die Untersuchungen der ältesten procaryotischen und eucaryotischen Mikroorganismen haben erbracht, daß durch ihre Tätigkeit die Ausgangsbasis für die Entstehung und die Evolution der organischen Welt der Mehrzeller geschaffen worden ist. Durch die Lebenstätigkeit der eucaryotischen Formen ist letztlich die sauerstoffhaltige Atmosphäre unseres Planeten entstanden.

Auf welche Weise können nun die Spuren der Mikroorganismen nachgewiesen werden? Von dem Gestein wird ein überaus dünnes durchsichtiges Plättchen, ein Dünnschliff, hergestellt, das danach unter dem Mikroskop betrachtet werden kann. Doch dieses Verfahren bietet keine Gewähr dafür, daß der Schliff auch wirklich Versteinerungen enthält. Deshalb hat man sich ein anderes Verfahren ausgedacht, das als Mazeration bezeichnet wird und im vollständigen oder teilweisen Auflösen der Gesteinsproben durch chemisch aggressive Stoffe besteht. Die zerkleinerte Gesteinsprobe wird in Säuren aufgelöst — angefangen bei einer schwachen Essigsäurelösung bis hin zu Flußsäure. Man geht davon aus, daß das Gestein in Säuren aufgelöst wird und die Versteinerungen übrigbleiben. Dabei ist nicht auszuschließen, daß auch einige Versteinerungen von der Säure aufgelöst oder zumindest stark beschädigt werden. Um also eine partielle oder völlige Lösung zu vermeiden, erfolgt die Mazeration schrittweise, wobei zunächst schwache und dann immer stärkere Säuren mit entsprechender Dosierung angewendet werden.

Durch dieses Verfahren hat der sowjetische Hydrobiologe W. Koschewoi zahlreiche Überreste proterozoischer planktonischer Mikroorganismen nachgewiesen. Bei 1500facher Vergrößerung ähneln sie dem Blütenstaub der heutigen Pflanzen. Die erzielten Erkenntnisse bezeugen, daß die organische Welt des Archäikums und des Proterozoikums reich an einzelligen Formen war.

Bei mikroskopischen Untersuchungen von Dünnschliffen paläozoischer Sedimentgesteine haben Geologen recht ungewöhnliche Formen von Einschlüssen beobachtet. Die einen erinnerten an Hörner der Antilope, die anderen an Zähne, die dritten an Kämme. Die Größe der rätselhaften Fossilien schwankte von Bruchteilen eines Millimeters bis zu 3 mm. Man gab ihnen den Namen Conodonten. Diese Überreste bestehen aus Kalziumphosphat und können deshalb recht einfach durch Mazeration isoliert werden. Dem Aussehen nach unterteilt man die Conodonten in drei Hauptgruppen (Bild 7.7): 1. einfache kegelförmige; 2. kompliziert gebogene stabförmige; 3. flache, mit breiter Basis.

7.7 Einige Conodontenformen, bekannt vom Mittelkambrium bis zur Oberen Trias (nach G. I. Nemkow u. a.). 1 einfach kegelförmig; 2 kompliziert gebogen stabförmig; 3 flach.

Diese organischen Überreste bergen Probleme; ihre Funktionen im Tierkörper sind bis jetzt noch nicht bekannt. Angenommen wird eine Verwandtschaft der Conodonten zu sehr unterschiedlichen Organismengruppen. Möglicherweise sind es Überreste bestimmter Skelettpartien von Wirbeltieren oder ältesten Fischen. Einige Wissenschaftler deuten sie als Kieferelemente von Mollusken oder betrachten sie als Verwandte der Würmer.

Die Conodonten kommen in großer Menge in den Ablagerungen des Ordoviziums, Devons, Karbons, Perms und Trias vor und besitzen eine große stratigraphische Bedeutung, denn sie ermöglichen die Untergliederung und den überregionalen Vergleich der Sedimentabfolgen. Sie treten in marinen, lagunären und auch limnischen (= Süßwasser-) Ablagerungen auf. Für das jeweilige stratigraphische Niveau sind bestimmte Conodontenformen typisch. Dies alles ermöglicht nicht nur die Untergliederung einzelner Schichtungsprofile, sondern auch umfangreiche überregionale Vergleiche.

Mit der Nutzung des Polarisations- und erst recht des Rasterelektronenmikroskops für Gesteinsuntersuchungen hat man in den Gesteinen und in den heutigen Sedimenten Organismen entdeckt, die Kalkplättchen von nicht mehr als 50 μm Größe besitzen. Diese ultramikroskopisch kleinen Organismen werden als kalkiges Nannoplankton bezeichnet. An erster Stelle unter ihnen stehen die einzelligen goldfarbenen Algen — die Coccolithophoridien. Sie sind rund oder oval, ihre Größe beträgt 4 bis 40 μm. Die einen Zellkern, Vakuolen und zwei Chromatophoren enthaltende Zelle ist von einer Membran und einer dicken Schicht schleimiger Substanz mit scheibenförmigen Karbonatgebilden

— den Coccolithen — eingehüllt. Und eben diese Coccolithen bleiben in den Gesteinen als Fossilien erhalten.

Im Weltmeer sind heute rund 200 Arten von Coccolithophoridien heimisch. Ihre Fähigkeit zur Fotosynthese bestimmt die Grenze ihres Lebensraumes auf 200 m Tiefe. Nach dem Absterben der Organismen sinken die toten Zellen langsam auf den Meeresgrund und lösen sich dabei in dem mit Kalziumkarbonat untergesättigten Wasser auf, das für große Meerestiefen charakteristisch ist. Als Folge davon sind Sedimente in Tiefen von mehr als 3500 bis 4000 m frei von jeglichen Karbonatbestandteilen.

Die Coccolithophoridien sind im offenen Ozean, in Küstengewässern und in Binnenmeeren verbreitet. Im Pazifischen Ozean zum Beispiel beträgt ihre Zahl je Kubikmeter Wasser etwa 50 000. Der höchster Gehalt wurde an der Küste Senegals registriert, wo ein Liter Meerwasser ungefähr 30 Millionen dieser Organismen enthält.

Das kalkige Nannoplankton ist von immenser Bedeutung für die Sedimentbildung, denn aus seinen Überresten besteht die Hauptmenge der Karbonatgesteine. Diese Rolle kommt ihm schon seit dem Jura zu, doch besonders häufig ist es in den Ablagerungen der Oberkreide. Ein kleines Stückchen der bekannten weißen Schreibkreide enthält eine Riesenmenge an Coccolithophoridien neben kleinsten Foraminiferen. Die letztgenannten sind auch in den verschiedenen Sedimentgesteinen des Phanerozoikums anzutreffen. Die Entwicklung dieser Einzeller ist abhängig von der Temperaturverteilung, dem Salzgehalt, dem Nährstoffangebot, den Wassermassen und deren Hydrodynamik. Die Foraminiferen können Bruchteile eines Millimeters aber auch mehrere Zentimeter Größe erreichen. Die Riesen unter ihnen sind die Nummuliten mit ihrem linsen- oder scheibenförmigen Gehäuse. Die Platten der ägyptischen Pyramiden bestehen übrigens aus Nummulitenkalksteinen.

Bei einigen Foraminiferen besteht die Schale aus einer hornartigen Substanz, die dem Chitin ähnelt, andere verwenden beim Bau ihrer Schale einen chitinähnlichen Stoff als Zement, der die Sandkörnchen zusammenhält, die dritte Gruppe baut eine Kalkschale. In fossilem Zustand bleiben Foraminiferen erhalten, die über ein festes Skelett — kalkig oder aus „Sand" bestehend — verfügen. Man unterscheidet einkammerige- und mehrkammerige Formen. Die einkammerigen Exemplare erinnern an kleine Kölbchen, bei den anderen sind die zahlreichen Kammern entweder in einer geraden Linie oder spiralförmig angeordnet.

Zur stratigraphischen Gliederung der Schichtfolgen und zum regionalen Schichtvergleich nutzt man in verstärktem Maße die fossilen Radiolarien (Strahlentierchen). Viele von ihnen besitzen feste und darüber hinaus hübsche und zarte Schalen aus amorpher Kieselsäure. Bekannt sind außerdem Radiolarien, deren Schalen aus Strontiumsulfat bestehen.

Von großer Bedeutung sind auch die einzelligen mikroskopischen Formen der Geißel-, Blaugrün- und Kieselalgen, die im fossilen Zustand mitunter gut erhalten bleiben und sogar gesteinsbildend auftreten können.

Auch winzige Sporen und Pollenkörner der urtümlichen Pflanzen sind häufig als Fossilien anzutreffen. Sie sind in den verschiedensten Sedimentgesteinen sowohl des kontinentalen als auch des flachmarinen Bildungsraumes bestens erhalten. Man hat immer bessere Methoden zur Gewinnung der Sporen und des Blütenstaubs aus diesen Gesteinen entwickelt. Die Wahrscheinlichkeit, auch nur einen Abdruck einer Pflanze zu finden, ist verschwindend gering im Vergleich zur Menge an Sporen und Blütenstaub in einer einzigen Gesteinsprobe. Diese Fossilien bieten die Möglichkeit, nicht nur das Alter der sie einschließenden Gesteine zu bestimmen, sondern auch die Pflanzenvergesellschaftung der damaligen Zeit und damit auch die klimatischen und landschaftlichen Verhältnisse zu rekonstruieren.

8. Geschichte des Klimas und der Atmosphäre

Das Klima übt großen Einfluß auf die Entwicklung der organischen Welt aus. Es ist gewissermaßen ein naturgegebener Regulator, der die Zahl und die taxonomische Vielfalt der Tiere und Pflanzen beeinflußt und der außerdem die ökologischen Bedingungen ihres Lebensraumes bestimmt. Eine führende Rolle spielt das Klima bei den die Erdoberfläche formenden Prozessen und bei der Ablagerung der Sedimentgesteine, aber auch bei der Suche nach Erzlagerstätten und nutzbaren Mineralien in den verschiedensten Räumen unserer Erde. Will man also umfassende Vorstellungen von der Entwicklungsgeschichte der jeweiligen Region gewinnen und gezielt nach Bodenschätzen suchen, ist es notwendig, die früheren Klimaverhältnisse rekonstruieren.

Wie lassen sich nun die klimatischen Gegebenheiten der geologischen Vergangenheit ermitteln? Das heutige Klima können wir über Meßgeräte ermitteln und anhand seines Einflusses auf die uns umgebenden Landschaften beurteilen. Aber welche Hinweise und Zeugnisse ermöglichen uns Rückschlüsse auf die klimatische Situation in längst vergangenen Epochen? Hier kommt es darauf an, innerhalb der großen Zahl von Daten aus der geologischen Vergangenheit jene herauszufinden, die als Klimaindikatoren in Frage kommen, die also die Einflüsse des Klimas in sich gespeichert haben oder unmittelbar von ihm geprägt worden sind. Solche Hinweise auf frühere Klimaverhältnisse finden wir sowohl in den Sedimentgesteinen als auch in der organischen Welt. Es ist allgemein bekannt, daß beispielsweise für die Kohlenbildung reichliche Niederschläge und warmes Klima obligatorisch die Voraussetzung sind, während die Ablagerung von Steinsalz jedoch ein heißes und trockenes Klima erfordert. Korallen lebten zu allen Zeiten ausschließlich in warmen und durchlichteten Gewässern. Einige Mollusken bevorzugten gemäßigte Temperaturen. Die Ausbreitungsbedingungen der Pflanzen wurden ebenfalls durch das Klima gesteuert. Die Temperaturverhältnisse der Vergangenheit können aus der chemischen und der Isotopenzusammensetzung der Kalkschalen rekonstruiert werden. Die Isotope des Sauerstoffs sowie die Elemente Kalzium, Magnesium und Strontium (letzteres nur bei Süßwasserorganismen) reichern sich in den Karbonatschalen der Invertebraten je nach Wassertemperatur an. Wenn man also die Elementverhältnisse oder die Isotopenverhältnisse des Sauerstoffs in den Muschelschalen kennt, kann man daraus die damalige mittlere Jahrestemperatur bestimmen.

Der Ursprung der Atmosphäre

Im frühesten Stadium ihrer Entwicklung, vor mehr als 4,5 Milliarden Jahren, besaß unsere Erde weder eine Atmosphäre noch Ozeane, ja, es gab nicht einmal eine feste Kruste. Was können wir also über das Klima zu dieser Zeit an Aussagen überhaupt machen? Nicht einmal vor 500 Millionen Jahren und noch später kann man von einem Klima auf der Erde sprechen.

Das beständige Freisetzen verschiedener Stoffe aus dem Erdinneren führte allmählich zur Entstehung der Atmosphäre und der Hydrosphäre. Die erste Gashülle unseres Planeten war sauerstofffrei und bestand aus einem Gemisch von Wasserdampf, Wasserstoff, Kohlendioxid, Methan, Ammoniak, Schwefelwasserstoff sowie Salz- und Flußsäuredampf.

Vor rund 3,5 Milliarden Jahren entstand eine Atmosphäre, die im wesentlichen Stickstoff, Ammoniak und Kohlendioxid enthielt. Hauptbestandteil darin war Kohlendioxid mit etwa 60 %. Die Atmosphäre war recht dünn, ihre Temperatur an der Erdoberfläche unterschied sich nur wenig von der Temperatur des Strahlungsgleichgewichts. Die Erde strahlte in den Weltraum genausoviel Wärme ab, wie sie von der Sonne bezog.

Aufgrund der recht niedrigen Temperatur kam es in der Nähe der Erdoberfläche zur Kondensation des Wasserdampfs, so entstand die Hydrosphäre. In dem auf diese Weise gebildeten Ozean löste sich ein bedeutender Teil des in der Luft enthaltenen Kohlendioxids, des Schwefels und seiner Verbindungen, des Ammoniaks, der Salpeter- und der Flußsäure, die ständig durch Vulkanausbrüche nachgeliefert wurden.

Lange Zeit über veränderte sich die Temperatur an der Erdoberfläche so gut wie nicht, sie blieb in den Grenzen, in denen das Wasser in flüssigem Zustand vorlag.

Freier Sauerstoff entstand in der Atmosphäre durch Einwirkung der Sonnenstrahlen auf die Wasserdampfmoleküle und durch die Lebenstätigkeit der pflanzlichen Mikroorganismen. In der ersten Zeit wurde er ausschließlich zur Oxidation des Methans, des Schwefelwasserstoffs und des Ammoniaks verbraucht, die in großer Menge in der Gashülle der Erde vorhanden waren, außerdem zur Oxidation der Metalle. Eine Ozonschicht war noch nicht vorhanden, und so konnten die kosmischen Strahlen und die harte Ultraviolettstrahlung der Sonne die Atmosphäre ungehindert durchdringen. Die ultravioletten Strahlen müssen es wohl gewesen sein, die im Urozean zur Entstehung komplizierter organischer Verbindungen bis hin zu Aminosäuren aus einfachen Verbindungen begünstigt führten.

Spuren des Lebens wurden in Gesteinen mit Alter zwischen 3500 und 3800 Millionen Jahren nachgewiesen. Da eine Ozonschicht fehlte, konnten Lebewesen nur im Wasser existieren, dessen Oberfläche für sie den schützenden Schirm gegen die tödlichen kosmischen Strahlen darstellte.

Die weitere Entwicklung der Biosphäre war eng an den freien Sauerstoff in der Gashülle der Erde und an die Entstehung einer Ozonschicht gebunden. Als Ergebnis anorganischer fotochemischer Reaktionen, die in den oberen Bereichen der Atmosphären unter Einwirkung der Sonnenstrahlen abliefen, kam es zur Spaltung der Wasserdampfmoleküle. Der Wasserstoff entwich in den Weltraum, während sich die verbliebenen Sauerstoffatome zu Ozon verbanden.

Als der Sauerstoffgehalt in der Atmosphäre etwa 1/1000 seines heutigen Werts erreicht hatte (der sogenannte Ureypunkt), und das geschah vor etwa 1500 Millionen Jahren, entstanden die ersten Organismen, die für ihre Entwicklung Sauerstoff benötigten. Mehrzellige Organismen erschienen beim Erreichen des sogenannten Pasteurpunktes, d. h. bei 0,01 des heutigen Sauerstoffgehalts. An diesen Zeitpunkt vor ca. 700 Millionen Jahren war das Auftreten zahlreicher wirbelloser Tiere gebunden.

Im weiteren Verlauf erfuhr die Atmosphäre eine allmähliche Veränderung. Angesichts der zunehmenden Sauerstoffkonzentration ging ab dem Archäikum der Anteil des Kohlendioxids in der Atmosphäre immer mehr zurück, so daß dieser im Proterozoikum nur noch einige Prozent betrug.

Die Klimaschwankungen in der geologischen Vergangenheit

Blicken wir weit zurück in die Vergangenheit und versuchen wir, die Klimaverhältnisse dieser frühen Zeit zu rekonstruieren und ihre weitere Entwicklung zu verfolgen. Über das Klima im Archäikum können wir bis jetzt nur wenig aussagen, denn Anhaltspunkte für das Geschehen in dieser frühen Zeit besitzen wir nicht. Über die späteren Etappen in der Geschichte unserer Erde liegen Informationen hingegen in ausreichender Zahl vor. So wissen wir heute, daß die Temperaturen auf der Erdoberfläche zu Beginn des Proterozoikums sehr hoch waren. Einige Experten schätzen sie auf +100 °C. Allerdings ist diese Annahme recht zweifelhaft. Die mittlere Temperatur auf der Erde wird wohl eher knapp mehr als +50 °C betragen haben. Danach erfolgte eine starke Abkühlung, die eine umfangreiche Vereisung zur Folge hatte. Davon zeugen Moränen — sogenannte Tillite —, die 2,3 bis 2,5 Milliarden Jahre alt sind. Sie sind in Kanada, Skandinavien und Südafrika verbreitet. Nach weiteren 300 Millionen Jahren war es auf der Erde wieder wärmer geworden. Die Temperatur stieg bis auf +35 °C. An den Polen herrschten damals möglicherweise tropische Verhältnisse.

Im Riphäikum und Wendium kam es erneut zu zwei weiteren Inlandvereisungen. In der ihnen nachfolgenden Wärmeperiode entstanden möglicherweise auch die mehrzelligen Weichtiere.

Zahlreiche Hinweise auf das Klima sind aus den Schichtenfolgen abgeleitet, die in den letzten 600 Millionen Jahren, d. h. im Phanerozoikum, abgelagert worden sind.

Besonders warm waren die Zeit des Kambriums (vor 570 bis 500 Millionen Jahren) und Devons (vor 400 bis 345 Millionen Jahren), das Unterkarbon (vor 345 bis 330 Millionen Jahren), das gesamte Mesozoikum (vor 235 bis 65 Millionen Jahren) und das Eozän (vor 53 bis 37,5 Millionen Jahren). In diesen Zeitabschnitten herrschte fast auf der gesamten Erde ein warmes Klima, das mit dem heutigen äquatorialen und tropischen Klima vergleichbar ist.

In der langen Geschichte der Erde hatten sich die Klimaverhältnisse mehrfach verschlechtert. Es gab nicht nur weltweit Trockenperioden, sondern auch Vereisungsphasen. Besonders trockene Verhältnisse mit Bildung ausgedehnter Wüsten sowie einer drastischen Zunahme des Salzgehalts des Weltmeers herrschten im Kambrium, im Unterdevon und im Perm.

Zu starker Abkühlung mit Ausbildung mächtiger Eisdecken kam es im späten Ordovizium (vor 450 bis 430 Millionen Jahren) und im Oberkarbon (vor 300 bis 280 Millionen Jahren) sowie im Quartär.

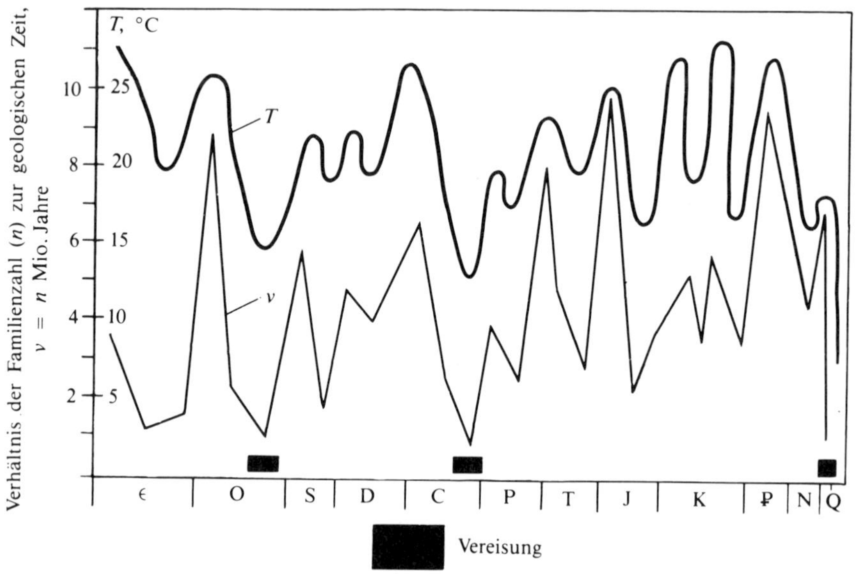

8.1 Änderung der Durchschnittstemperaturen der Erdoberfläche und der Neubildungsrate von Organismen im Phanerozoikum. Temperaturanstieg begünstigte die Entstehung und Entwicklung von Organismen; Temperaturrückgang, besonders eine Vereisung, führte zum Aussterben.

Mit gewisser Annäherung kann die Änderung der mittleren Temperaturen auf der Erdoberfläche als Kurvendiagramm dargestellt werden (Bild 8.1). Vergleichen wir die rekonstruierten Klimazonen und die Folge der Temperaturschwankungen mit den Änderungen in der chemischen Zusammensetzung der Atmosphäre (im einzelnen mit den Schwankungen des Kohlendioxidgehalts), mit den Entwicklungsetappen der organischen Welt und mit der Lage der Kontinente, dann erkennen wir eine sowohl positive als auch negative Korrelation dieser Faktoren.

Untersuchungen der sowjetischen Wissenschaftler A. Ronow und M. Budyko haben erbracht, daß der Gehalt des Kohlendioxids in der Atmosphäre in einzelnen Perioden des Phanerozoikums den heutigen Wert wesentlich übertraf. Gemäß den Berechnungen dieser Autoren, deren Ergebnisse sich sehr weitgehend mit den geologischen Daten decken, betrug die CO_2-Konzentration in der Atmosphäre des Kambriums, des Devons und des Unterkarbons mehr als 0,4 %, während sie heute lediglich 0,03 % beträgt. Abweichend von der allgemeinen Tendenz einer Verringerung des Kohlendioxidgehalts gab es allerdings auch Epochen mit einer enormen Zunahme. Augenfällig ist dabei die frappierende Übereinstimmung im Verlauf der Temperatur- und der CO_2-Kurven.

Die Epochen mit hohem Kohlendioxidgehalt waren durch hohe Temperaturen gekennzeichnet; für die Perioden einer einschneidenden Abkühlung und sogar einer Vereisung ist ein drastischer Rückgang des CO_2-Gehalts charakteristisch.

Die Frage ist naheliegend, warum der Kohlendioxidgehalt der Atmosphäre in bestimmten Zeiträumen anstieg und auch wieder abnahm, und zwar um eine ganze Größenordnung. Ein verstärkter Zustrom von CO_2 in die Atmosphäre konnte durch eine verstärkte Vulkantätigkeit auf der Erde bedingt worden sein. Die günstigen klimatischen Bedingungen und die hohen CO_2-Konzentrationen in der Atmosphäre führten andererseits zu einer außerordentlichen Zunahme der Pflanzenproduktivität.

Die verstärkte Entnahme des atmosphärischen Kohlendioxids durch die Pflanzen im Unterkarbon und der enorme Verbrauch der im Meerwasser gelösten Kohlensäure zur Fällung der Karbonatsedimente und für den Aufbau der Molluskenschalen bildeten die Ursache für den globalen Temperaturrückgang und für die umfangreiche Vereisung im Oberkarbon. Das Abkühlen der unteren Bereiche der Atmosphäre läßt sich auch durch die Lage der Kontinente in hohen Breitengraden oder durch die Verteilung warmer und kalter Meeresströmungen erklären.

Im Verlauf des Mesozoikums kam es häufig zu einem Rückgang des Kohlendioxidgehaltes in der Atmosphäre, so daß wir für diese Epochen nicht nur eine starke Abkühlung, sondern auch Vereisungen erwarten müßten. Doch wurde dies durch die Lage der Kontinente und die Verteilung von Festland und Wasser verhindert. Wenn die polnahen Räume von Meeren bedeckt waren, konnte von einer Vereisung nicht die Rede sein, denn Wasser verfügt über eine hohe Wärmekapazität und niedriges Reflexionsvermögen. Lag jedoch in Polnähe eine große Festlandsmasse, wurden die Sonnenstrahlen infolge des hohen Albedo (Reflexionsvermögens) der Erdoberfläche reflektiert, und die generelle Abkühlung wurde durch die regionale Auskühlung der polnahen Räume überlagert, so daß sich dort Gletscher bildeten.

Wie stichhaltig sind solche Überlegungen und auf welche Weise werden sie durch Untersuchungen der uns am nächsten gelegenen Quartäreiszeit bestätigt? Die ersten Anzeichen einer Gebirgsvergletscherung in der Ostantarktis machten sich in der zweiten Hälfte des Oligozäns bemerkbar, das heißt vor etwa 25 Millionen Jahren, als weltweit die Temperatur der Erdoberfläche im Vergleich zum vorangegangenen Eozän drastisch abgesunken war.

Im Laufe der Zeit nahm die Fläche des Vereisungsgebietes zu. Die fortdauernde Abkühlung deckt sich weitgehend mit der Abnahme des CO_2-Gehaltes in der Atmosphäre und der Lage eines Kontinentes über dem Südpol und der Entstehung der Drakestraße. Früher, als die Antarktis noch ein Bestandteil Gondwanas war, wurde sie durch warme Meeresströmungen aus den niedrigen Breiten aufgeheizt. Als sich nun Australien und Südamerika von Gondwanaland loslösten, entstand eine neue circum-antarktische Meeresströmung. Sie umströmte die gesamte Antarktis und begünstigte die weitere Auskühlung dieses Festlands.

Im arktischen Becken hingegen blieben die Temperaturen, trotz der zu Ende des Oligozäns einsetzenden Abkühlung, dennoch vergleichsweise hoch. Relativ hohe Temperaturen (etwa wie in der heutigen Nordsee) bestanden dort fast während des gesamten Neogens, und erst eine starke Regression des Meeres, verbunden mit einer Ausdehnung der Festländer im polnahen Raum und mit dem gleichzeitigen Rückgang des Einflusses der warmen Strömungen, die aus dem Atlantik und dem Pazifik in das arktische Becken einflossen, bewirkte eine Abkühlung.

Hauptursachen der Klimaschwankungen in der Geschichte der Erde sind also, wenn wir den Einfluß kosmischer Erscheinungen ausklammern, die tektonische Aktivität des Planeten und die Zusammensetzung der Erdatmosphäre. Die Klimaverhältnisse wurden bestimmt von der Lage der Kontinente und damit vom Vorhandensein von Festlandsmassen in den Polargebieten, denn dadurch erhöhte sich das Reflexionsvermögen der Erdoberfläche in beträchtlichem Maße, weiter von vulkanischen Aktivitäten, dem Kohlendioxidgehalt der Atmosphäre, dem Verlauf der Meeresströmungen, der Verteilung der Meere und Festländer usw.

Klima und Evolution der Organismen

Die organische Welt der Erde ist von den Lebensumständen abhängig. Die fortschreitende Evolution allen Lebens äußert sich in der Erhöhung seiner Organisation und in der drastischen Zunahme des Metabolismus. Vor allem der Metabolismus nimmt während der Entwicklung der Biosphäre deutlich immer rascher zu. Durch die Entwicklung der Biosphäre begannen die Organismen, sich allmählich der wichtigsten Lebensareale zu bemächtigen — ausgehend von einem relativ engen Bereich des Weltozeans zu Beginn des Phanerozoikums bis zur gesamten gegenwärtigen Erde. Die Kenntnis dieser Abfolge macht es möglich, eine bessere Vorstellung von den Grundzügen der Evolution der organischen Welt von den primären Organismen, die das marine Flachwasser bevölkerten, und den ersten feuchteliebenden Landformen bis hin zu den Tiefseelebensgemeinschaften und den trockenheitliebenden Pflanzengesellschaften zu gewinnen.

Vor dem Hintergrund des allgemeinen Evolutionablaufes der organischen Welt mit langfristigen Veränderungen und einem Festbestand der Fauna und Flora ist im Phanerozoikum eine Reihe umwälzender Wandlungen zu beobachten. So wird es möglich, nicht nur die gleichzeitig im globalen Maßstab ablaufenden Änderungen der biologischen, physiogeographischen und geotektonischen Faktoren zu erkennen, sondern auch den Grad ihrer Auswirkung in der geologischen Geschichte des Planeten abzuschätzen.

Vergleicht man die Entwicklungsgeschichte des Klimas und die Evolution der Organismen, so zeigen sich diese engen Zusammenhänge. Zugleich nahm die lebende Materie Einfluß auf die Umwelt, sie bewirkte deren Umgestaltung und damit Veränderungen des regionalen und globalen Klimas. Von dem beträchtlichen Einfluß der fotosynthesierenden Organismen und der schalentragenden marinen Invertebraten auf die globalen Klimaschwankungen war bereits die Rede. Betrachten wir nun dieses Problem von einer anderen Seite, und zwar aus der Sicht, wie und mit welcher Intensität die Veränderungen im Tier- und Pflanzenreich in Abhängigkeit vom Klima abliefen.

Die sehr warme, mit Wasserdampf gesättigte Atmosphäre begünstigte den Übergang von Wasser- zu Landpflanzen und deren Ausbreitung.

Der Rückgang der mittleren Jahrestemperaturen und die zunehmende Trokkenheit des Klimas übten einen wesentlichen Einfluß auf die Evolution der Pflanzen aus. Im Zuge des Existenzkampfes sind in dieser Zeit unter den Pflanzen progressive Gruppen entstanden, die besser als andere den relativ niedrigen Temperaturen (vielmehr den geringen jahreszeitlichen Temperaturschwankungen) und den unzureichenden Feuchtigkeitsverhältnissen angepaßt waren. Vertreter dieser Gruppen waren Pflanzen mit Jahresringen und großen ökologischen Möglichkeiten sowie die Xerophyten, das heißt Formen, die sich den geringen Niederschlagsmengen angepaßt hatten.

Selbst wenn wir nur die Abfolge der großen Florengruppen innerhalb des Phanerozoikums betrachten, erkennen wir den deutlichen Einfluß des Klimas. Die Sporenpflanzen, die in der Mitte des Paläozoikums dominierten, mußten angesichts der sich verschlechternden klimatischen Verhältnisse allmählich den höher entwickelten Nacktsamern weichen. Vor etwa 100 Millionen Jahren kam es dann zur Entstehung und Verbreitung der bedecktsamigen Pflanzen.

Der Einfluß der Temperatur auf die Evolution der marinen Invertebraten äußerte sich vor allem in einer Veränderung der qualitativen Zusammensetzung der Biozönosen, das heißt der Lebensgemeinschaft von Organismen in einem bestimmten Bereich der Biosphäre, und bei längerer Einflußnahme äußert sich dies in Veränderungen der Größe, der Morphologie und des Körperbaus der Organismen.

Unter extremen Klimaverhältnissen nahm die Gesamtzahl der Familien zu. Optimale Existenzbedingungen sind für die Organismen bei beständig hohen Temperaturen gegeben. Vor allem in solchen Zeiten erschienen neue Arten unter den Organismen. Abkühlungen führten zum Massensterben, doch die progressiven Formen konnten sich den extremen Bedingungen anpassen, sie überlebten und erweisen sich in der Folgezeit als überaus vermehrungsfreudig. Fast alle heutigen Wirbeltiere gehören sechs Klassen an: Knorpelfische, Knochenfische, Amphibien, Reptilien, Säugetiere und Vögel. Im Unterschied zu den anderen Organismengruppen sind die Wirbeltiere, vor allem ihre landbewohnenden Vertreter, besonders klimaabhängig. Im Zuge ihrer Evolution haben viele von ihnen spezielle Schutz- und Anpassungsstrategien entwickelt.

Wir wissen, daß alle Klassen der Wirbeltiere innerhalb zweier recht begrenzter Zeitabschnitte entstanden sind. Der erste erstreckte sich vom Devon bis zum Unterkarbon, der zweite dauerte vom Ende der Trias bis zum Beginn der Kreide. Die Entwicklung und Ausbreitung der Wirbeltiere ist ein anschauliches Beispiel für den Einfluß der klimatischen Verhältnisse und der Atmosphäre.

In den Zeiträumen Devon bis Unterkarbon und Mitte Trias bis Ende Jura hatte der Sauerstoffgehalt der Atmosphäre beträchtlich zugenommen, was alleine schon die Lebenstätigkeit der Wirbeltiere begünstigte. Doch ihre Entwicklung wurde auch von den Temperaturverhältnissen beeinflußt. Bei hinreichend hohen und auch niedrigen Temperaturen kam es gewöhnlich zu einer starken Abnahme der Lebenstätigkeit der Wirbeltiere.

Pflanzen und Wirbeltiere eroberten fast gleichzeitig das Festland, ausschlaggebend dafür war ein geringfügiger Rückgang der Temperatur bei beträchtlicher Trockenheit. Die Entfaltung der Amphibien im Unterkarbon erfolgte unter feuchten und warmen Klimabedingungen.

Die Zunahme der Zahl an Amphibienformen mit Merkmalen der landbewohnenden Formen stimmt recht gut mit dem zunehmend trockener werdenden Klima zu Beginn des Perms und mit einem gewissen Absinken der Temperatur überein. Zu Beginn des Perms entstanden die ersten Gruppen der Reptilien, die dann in der Mitte des Perms ihre Blüte erlebten. Ihre rasche Entwicklung erklärt sich daraus, daß sie im Vergleich zu den anderen Tieren über ein vollkommeneres Atemsystem, über intensive Blutzirkulation und über einen festen Hornpanzer verfügten, der den Körper vor Wärme- und Wasserverlust schützte.

Da das Klima in der Trias noch trockener war, starben viele Organismen, in erster Linie die Amphibien, aus. Als Folge davon wurden auf dem Festland die Reptilien die dominierende Tierklasse. Besonders schnell und vielfältig entwickelten sie sich zu Ende der Trias, im höheren Jura und in der Kreidezeit. Begünstigt wurde dies durch das wechselfeuchte warme Klima. Unter anderen Klimabedingungen, sowohl bei starker Feuchtigkeit und der Entwicklung von Landschaften mit dichten Sumpfwäldern und Meeren als auch in riesigen ariden Gebieten — Wüsten und Halbwüsten —, waren die Lebensbedingungen für Reptilien ungünstig gewesen.

Die wichtigsten Zentren der Entstehung neuer Formen und der fortschreitenden Entwicklung von Organismen waren damals Gebiete mit gemäßigten Temperaturen und mit einer gewissen Trockenheit. Und so führte die Evolution der Tiere in der Folge zu Arten, die den Klimaverhältnissen gegenüber weniger empfindlich waren. Die neuen auftretenden warmblütigen Tiere (zum Beispiel Säuger und Vögel) waren in der Lage, jene Gegenden als Lebensraum zu erobern, die für Kaltblüter nicht in Frage kamen.

Hier sollte der Hinweis nicht fehlen, daß einige Wissenschaftler, ausgehend von der starken Klimaabhängigkeit der organischen Welt, dazu neigen, das Aussterben der Dinosaurier und etlicher mariner Invertebraten zu Ende der Kreide durch eine drastische Verschlechterung der klimatischen Gegebenheiten erklären.

Das Klima der Zukunft

Die Geschichte unseres Planeten zeigt, daß die lebende Materie das Klima aktiv beeinflußt und verändert — unmittelbar oder indirekt über die Umwelt. Mit dem Erscheinen des Menschen ist diese Einflußnahme noch intensiver geworden.

Seitdem die Tätigkeit der Menschen zu einem gewaltigen geologischen Faktor geworden ist, und dies geschah vor ungefähr 150 Jahren, zu Beginn der industriellen Revolution, wird die Natur vom Menschen erheblich, wenn auch unbeabsichtigt, beeinflußt. Die Erschließung neuer Gebiete, der Bau von Städten und Dörfern, die industrielle Produktion, der Verbrauch riesiger Mengen Brennstoff — all dies führt zur Erwärmung der tieferen Schichten unserer Atmosphäre. Gleichzeitig wird eine große Menge Staub, Kohlendioxid und gesundheitsschädlicher Gase in die Atmosphäre ausgestoßen.

Langjährige Untersuchungen in entlegenen Gebieten, die frei von jeder industriellen Tätigkeit sind, zum Beispiel die Antarktis, machen deutlich, daß in den letzten 30 Jahren der Kohlendioxidgehalt der Atmosphäre beständig (um etwa 15 bis 25 %) zugenommen hat. Gleichzeitig steigt der Sauerstoffverbrauch infolge der industriellen Entwicklung jährlich um 10 % an und beträgt derzeit ungefähr 10 Milliarden Tonnen. Dieser riesige Verbrauch wird zwar durch die Fotosynthese und den aus dem Erdinneren freigesetzten Sauerstoff rasch ausgeglichen, es kann jedoch der Fall eintreten, daß dieses Sauerstoffdefizit mehr und mehr an Bedeutung gewinnt.

Ende der sechziger — Anfang der siebziger Jahre begann die zweite Erwärmungsphase des 20. Jahrhunderts. Die erste Erwärmung des Klimas fiel in die zwanziger und dreißiger Jahre und war durch die natürliche Veränderung der Lichtdurchlässigkeit unserer Atmosphäre bedingt. Die zweite Erwärmung hingegen war durch die Zunahme der CO_2-Konzentration in der Atmosphäre ausgelöst worden.

Die klimatische Situation in den nächsten Jahrzehnten wird durch die Zunahme des Kohlendioxidgehalts und durch Schwankungen in der Transparenz der Atmosphäre gesteuert. Die derzeitige Tätigkeit des Menschen bringt die Atmosphäre und damit auch das Klima recht schnell auf den Zustand zurück, wie er in der geologischen Vergangenheit herrschte, als die Masse des atmosphärischen Kohlendioxids um ein Mehrfaches höher war als heute.

Viele Wissenschaftler äußern die recht gut begründete Vermutung, daß die mittlere Jahrestemperatur schon zu Beginn des 21. Jahrhunderts infolge der Zunahme des Kohlendioxidgehalts um 0,3 bis 0,6 °C ansteigen wird. Das wird sich vor allem auf die Verhältnisse in hohen und mittleren Breiten auswirken, es wird vor allem die Ausdehnung und Dicke des Eises in der Arktis und in den Inlandeisgebieten von Grönland und der Antarktis wesentlich beeinflussen. Auf dem größeren Teil der Kontinente wird in den gemäßigten Breiten die Niederschlagsmenge allmählich abnehmen. Der Erwärmungsprozeß wird den Zustand der Eismassen dergestalt beeinflussen, daß sie zu schmelzen beginnen und es danach zu einem Temperaturanstieg in den hohen und gemäßigten Breiten kommt.

Die Erhöhung der Konzentration des Kohlendioxidgases, verbunden mit einem generellen Temperaturanstieg, wird also voll und ganz von der industriellen Tätigkeit der Menschheit abhängen. Man schätzt, daß durch die Nutzung von Kern- und Sonnenenergie ab Mitte des 21. Jahrhunderts der Verbrauch fossiler Brennstoffe allmählich zurückgeht, wodurch die in die Atmosphäre freigesetzte Menge Kohlendioxid um fast 30 % verringert werden wird.

9. Meeresgeologie

Das Weltmeer bedeckt mehr als 70 % der Erdoberfläche, seine mittlere Tiefe beträgt ungefähr 4 km. Im Vergleich zum Erdradius ist das ein verschwindend geringer Wert, und doch macht er den Meeresboden für unmittelbare geologische Untersuchungen mit herkömmlichen Methoden unzugänglich.

Die einzigen Mittel zur geologischen Erforschung des Meeresgrunds waren bis Mitte des 20. Jahrhunderts die Kolbenstechrohre, die Bodengreifer und die Dredgen. Später hat man verstärkt die verschiedensten geophysikalischen Methoden eingeführt: Seismik, Gravimetrie sowie geothermische, magnetometrische und andere Verfahren.

Bei Verwendung der Kolbenstechrohre und Bodengreifer konnten geologische Informationen nur über die alleroberste Schicht des Meeresbodens gewonnen werden, die verbesserten Stechrohre ermöglichten zwar das Eindringen in 20 bis 30 m Tiefe, aber auch das war nicht ausreichend. Den Geologen kam es auf Gesteine an, die in größerer Tiefe lagern, vor allem jedoch suchten sie nach Möglichkeiten die Gesteine der ozeanischen Kruste zu untersuchen.

Entstehung und Entwicklung des Meerwassers

Wasser der Ozeane ist eine komplex zusammengesetzte Salzlözung, die die tiefen Senken der Erde ausfüllt. Das Wasser aller Meere und Ozeane besitzt eine Masse von 1,4 Milliarden Tonnen bei einem Volumen von wenig mehr als 1,3 Milliarden km^3, was fast 97 % des Gesamtvolumens der Hydrosphäre entspricht. Seit ältesten Zeiten waren die Menschen bestrebt herauszufinden, wann und unter welchen Bedingungen die Hydrosphäre wie auch die anderen Schalen der Erde entstanden sind. Die Vorstellungen von der Herkunft der Ozeane sind eng an kosmogonische Hypothesen gebunden. Und je nach dem, welche Hypothese gerade in „Mode“ war, wechselten auch die Ansichten über die Entstehung des Meerwassers. Doch ein Umstand wurde niemals angezweifelt: der Ozean ist jünger als die Erdkruste.

Die heutigen Ansichten über die Entstehung der Hydrosphäre fußen auf der kosmogonischen Hypothese des sowjetischen Geologen Otto Schmidt, die besagt, daß die Planeten des Sonnensystems aus einer kalten Gas-Staub-Wolke entstanden sind, in der es zur Differenzierung der Materie kam. Durch die beim Zerfall radioaktiver Elemente freigesetzte Energie wurde die Erde aufgeheizt, und dabei trennte sich die irdische Materie in die einzelnen Schalen. Demnach drang das Wasser aus der Tiefe an die Oberfläche empor. Von der Richtigkeit dieser Annahme zeugt die gewaltige Wassermenge, die bei Vulkanausbrüchen freigesetzt wird, und die Mineralquellen, die in enormer Zahl am Meeresboden austreten.

Nach Berechnungen des amerikanischen Wissenschaftlers G. Kulp ist die Hydrosphäre aus der Differentiation und Entgasung der Materie in den Tiefen des Erdinneren entstanden. Ihre Weiterentwicklung erfuhr diese Idee in den Arbeiten von A. Winogradow. Er vertrat die Ansicht, daß der Differentiationsprozeß dem Zonenschmelzverfahren der Materie des Erdmantels und der Erdkruste gleicht. Experimentelle Untersuchungen des Zonenschmelzverfahrens von Steinmeteoriten (sie werden von ihrer Zusammensetzung her als analog zum ursprünglichen Ausgangsmaterial der Erde angesehen) haben ergeben, daß ihre silikatischen Bestandteile in eine schwerschmelzende und eine leichtschmelzende Mineralphase getrennt wird. Erstere Phase gleicht, was die Zusammensetzung anbetrifft, etwa den Gesteinen des Erdmantels, während die leichtschmelzende Phase weitgehend den Basalten der Erdkruste entspricht.

Während des Zonenschmelzens setzt die leichtschmelzende Phase Wasser, H_2S, HCl, HF, NH_3 und andere flüchtige Stoffe frei. Bei der Aufwärtsbewegung der erwärmten leichtschmelzenden Phase werden in ihr zusätzlich flüchtige Stoffe, darunter auch Wasser, angereichert. Dieses Wasser gelangte in verschiedene Medien und Bereiche mit unterschiedlichen Temperatur- und Druckbedingungen und setzte dabei viele der gelösten Elemente und Verbindungen frei. Zusammen mit den gelösten Verbindungen hat das Wasser einen Ozean gebildet, während die unlöslichen oder im Überschuß vorhandenen Gase (Edelgase, Kohlendioxid, Schwefelwasserstoff, Ammoniak, Stickstoff u. a.) die Gasschale der Erde, die Atmosphäre, entstehen ließen.

Im Laufe der Zeit verringerte sich der Zustrom des Wassers aus der Tiefe, weil die Entgasung des Erdmantels allmahlich abnahm. Der Zustrom des Tiefenwassers dauert in geringem Umfang auch heute noch fort.

Am Aufbau der primären Hydrosphäre waren die drei wichtigsten Wassertypen beteiligt: 1) Wasser, das bei Vulkanausbrüchen freigesetzt worden war; 2) Wasser, das bei der Abkühlung großer Intrusivkörper kondensierte, und 3) juveniles Wasser, das an Klüften emporstieg und in Form warmer und kalter Mineralquellen austrat. Die juvenilen Wässer bilden sich in den tiefen Bereichen der Erde — irgendwo an der Grenze der Kruste—Mantel. Sie steigen an tiefreichenden Störungszonen auf und ergießen sich an den Riftzonen der mittelozeanischen Rücken in das Meer. Diese Lösungen haben erhebliche Mengen an Salzen gelöst. Ihr Salzgehalt liegt häufig über 250 ‰, die Temperatur erreicht 60 °C. Dank diesen heißen mineralisierten Lösungen lagern sich auf dem Meeresboden Verbindungen der verschiedensten Metalle ab.

Laut Angaben des sowjetischen Hydrologen G. Kalin beträgt der Wasserzufluß aus der Tiefe der Erde etwa 1 km^3/Jahr. Ein Teil davon muß in den Weltraum entweichen, doch hängt dieser Verlust vom Elementenbestand der Atmosphäre, von ihrer Schichtung und von der Entwicklung der Biosphäre ab. Die Veränderung in der Gaszusammensetzung der Atmosphäre und die Entstehung der Ozonschicht haben die in den Weltraum abgegebene Wassermenge verringert, was wiederum eine Zunahme der Wassermenge auf der Erdoberfläche zur Folge hatte.

Großen Einfluß auf das Wasservolumen der Meere und Ozeane hatten die Vereisungsperioden — die Menge des Wassers in den Ozeanen nahm ab, der Wasserspiegel der Weltmeere sank. In der postglazialen Periode, als die Eisdecke abschmolz, nahm das Wasservolumen wieder zu. Allerdings erfolgte bei diesen Veränderungen im Grunde letztlich nur eine Umverteilung der Wassermenge zwischen der festen und der flüssigen Phase.

Die Volumenzunahme der Hydrosphäre erfolgt recht langsam. Berechnungen ergaben, daß die Menge des Ozeanwassers zu Beginn des Mesozoikums (vor etwa 250 Millionen Jahren) rund 95 % des heutigen Wertes betrug.

Warum ist das Meer salzig?

Diese Frage haben sich die Menschen mehr als einmal gestellt. Die Antworten darauf waren sehr unterschiedlich, recht häufig widersprachen sie sich und schlossen sich gegenseitig sogar oftmals aus. Wir wollen versuchen, Licht in dieses Problem zu bringen, und zu diesem Zweck betrachten wir die Ursachen des Salzgehaltes, die Entstehungszeit und die Entwicklung in der Zusammensetzung der Salze in den Ozeanen.

Das Meerwasser ist eine komplex zusammengesetzte Salzlösung mit einem durschnittlichen Salzgehalt von 35 g/l oder 35 ‰. Würde man das gesamte Meerwasser eindampfen, dann bliebe auf dem Meeresboden eine Salzschicht von 35 bis 40 m Mächtigkeit übrig. Fast alle chemischen Elemente und viele Isotope sind in Meerwasser nachgewiesen worden. Die wichtigsten Bestandteile des Meerwassers sind die Kationen Na^+, K^+, Mg^{++}, Ca^{++} und die Anionen Cl^-, Br^-, SO_4^{--}, HCO_3^-, CO_3^{--}. Sie bilden zusammen rund 99,88 % der in den Meeren und Ozeanen gelösten Verbindungen. In den restlichen 0,12 % sind fast alle Metalle, darunter Gold, Silber und Platin enthalten.

Die Annahme der Herkunft des Ozeanwassers aus der Tiefe findet ihre Bestätigung in der ähnlichen Ionenzusammensetzung des juvenilen und des ozeanischen Wassers sowie in der Palette der chemischen Elemente der Kleinmeteorite unter Berücksichtigung des darin enthaltenen Wassers.

A. Winogradow gliedert die Entwicklung des Ionengehaltes im Meerwasser in drei Stadien mit jeweils unterschiedlichem Angebot der im Wasser gelösten Stoffe. Das erste Stadium umfaßt jene ferne Vergangenheit, in der eine Biosphäre praktisch noch nicht existierte, das heißt etwa den Zeitraum vor mehr als 3 Milliarden Jahren. Das zweite Stadium begann vor 3 Milliarden und endete vor 600 Millionen Jahren, daran schloß sich das dritte Stadium an, das bis in unsere Zeit reicht.

Im Frühstadium der Entwicklung unseres Planeten, als sich die Erdkruste stabilisiert hatte, entstand auf deren Oberfläche in den Senken ein seichter Ozean. Der Wasserdampf, der bei den ungeheuren Vulkanausbrüchen freigesetzt wurde, war gesättigt mit starken Säuren wie H_2CO_3, HCl, HF, neben NH_3 und anderen Verbindungen. Das Wasser des Urozeans war demnach ein Gemisch in Wasser verdünnter Säuren, unter denen die Kohlensäure an erster Stelle stand. Darüber hinaus enthielt es Kieselsäure und Stickstoff. In dieser fernen Zeit lagerten sich aus dem Ozeanwasser Kohlenstoff und Kieselsäure ab. Im Laufe der Zeit ging der Säuregehalt des Ozeanwassers infolge chemischer Reaktionen zwischen den starken Säuren und den Salzen der starken Basen allmählich zurück. Die Einschüttung von Verwitterungsprodukten der Ergußgesteine und Aschen in den Ozean beschleunigten diesen Vorgang wesentlich.

Weiterhin nahm Winogradow an, daß der Anionengehalt des Meerwassers praktisch ausschließlich von juvenilen Wässern eingebracht wurde, während die Kationen von den Festländern stammen, wo sie bei der Verwitterung freigesetzt worden sind. Infolge der zunehmenden Verwitterungsintensität kam es im Meerwasser im Verlauf der Erdgeschichte daher ständig zu einer Erhöhung der Kationenkonzentration.

Inzwischen hat sich jedoch gezeigt, daß am Boden des Weltmeeres metallhaltige Solen ausströmen, und dies gibt Anlaß, den Zeitpunkt und die Art der Kationenzufuhr auf andere Weise zu betrachten. Mit großer Wahrscheinlichkeit sind sowohl die Kationen, genauso wie die Anionen des Ozeanwassers vulkanischer Herkunft. Obwohl das damalige Salzangebot des Ozeanwassers sich grundlegend von dem heutigen unterschied, konnte der Ozean keinesfalls als „Süßwasserbecken" bezeichnet werden. Sein Salzgehalt war bereits zum Zeitpunkt seiner Entstehung recht hoch und übertraf möglicherweise um ein Vielfaches den heutigen Wert.

Da die Fläche des Ozeans viel größer war als die des Festlands, gelangten die Gase vorwiegend aus dem Ozean in die Atmosphäre. Submarine Vulkanausbrüche sättigten das Ozeanwasser mit Gasen. Den Stoffüberschuß gab der Ozean an die Atmosphäre ab, während nur ein Teil der Gase aus der Atmosphäre sich im Meerwasser löste. Bereits in jenen fernen Zeiten bestand die charakteristische Wechselwirkung zwischen Ozean und Atmosphäre.

Das zweite Entwicklungsstadium des Ozeans war im wesentlichen von der Entstehung und Entwicklung der Biosphäre bestimmt. Das Auftreten von freiem Sauerstoff hatte die chemische Zusammensetzung des Ozeanwassers von Grund auf verändert. Die Atmosphäre reagierte nun oxidierend statt reduzierend, und dies wiederum führte zu einer Freisetzung von molekularem Stickstoff aus dem Ozean, wo er zuvor in Form von Ammoniak gebunden war.

Die Verbindungen des zweiwertigen Eisens gingen in dreiwertige — weniger mobile — Verbindungen über. Die Mobilität der Schwefel-, Kalzium- und Magnesiumionen änderte sich ebenfalls in hohem Maße. Die Kieselsäure wurde nur im Anfangsstadium der Ozeanentwicklung auf chemischem Wege gefällt, denn dazu waren hohe Temperaturen und Drücke erforderlich. Die Entstehung von Organismen mit Skelettelementen aus Kieselsäure führte im Phanerozoikum zur Ablagerung der Kieselerde auf biogenem Wege.

Einer der wichtigsten Entwicklungsschritte der Ozeane ist an die Entwicklung des Kohlenstoffs gebunden. Einerseits wurde er im Frühstadium des Ozeans durch Abnahme von Druck und Temperatur chemisch gefällt. Andererseits bildete sich in der Atmosphäre Kohlendioxid, das dann durch den Prozeß der Fotosynthese und die Lebenstätigkeit der Organismen in leichtlösliche Verbindungen wie Karbonate übergeführt wurde. Viele Organismen entnehmen die für den Aufbau ihres Skeletts erforderlichen Stoffe dem Meerwasser (bei der überwiegenden Zahl der Invertebraten besteht es aus Kalziumkarbonaten). Nach dem Absterben dieser Organismen sammeln sich auf dem Grund der Meere und Ozeane riesige Mengen Kalziumkarbonat an, die danach in biogene Kalksteine übergehen. Gleichzeitig wird Kalziumkarbonat in einigen Zonen der Meere und Ozeane auf chemischem Wege ausgefällt.

Das Weltmeer steuert den beständigen Kreislauf des Kohlenstoffs. Sein Überschuß wird durch die Ablagerung von Karbonaten aus dem Kreislauf entfernt. Damit wiederum wird die Kohlendioxidkonzentration der Atmosphäre geregelt. Eine gewisse Konstanz in der Zusammensetzung der Atmosphäre andererseits bedingte die Formen und Verteilung der Hauptelemente im Meerwasser. Gegen Ende des Proterozoikums erfuhr der Salzbestand des Ozeans eine Veränderung: die Chlorid- bzw. Sulfid-Verbindungen wurden durch die Chlorid-, Karbonat- und Sulfatsalze abgelöst. Es gibt die Ansicht, daß diese Zusammensetzung bis in unsere Tage unverändert fortbesteht.

Seit jener Zeit existiert auf der Erde das grandiose und eingespielte Gleichgewichtssystem: atmosphärische Gase — Salzgehalt — lebende Materie — Sedimente. Jeder Eingriff in dieses Gleichgewicht, sei es durch tektonische Bewegungen, durch Vulkanismus und eng damit zusammenhängende andere globale Prozesse, wie Trans- und Regressionen des Meeres oder Krisen der Biosphäre, führte zur Umordnung der gegenseitigen Position der Kontinente, weiterhin zur Veränderung der Tiefe der Meere und Ozeane sowie des Reliefs am Meeresboden, des Wasservolumens und der Salzzusammensetzung.

Aufbau und Geologie des Ozeanbodens

Die Tiefe eines Meeres oder Ozeans bestimmt in starkem Maße die Lebenstätigkeit der marinen Organismen, die Reliefausbildung und die Dynamik der geologischen Prozesse. Der Ozean wird in bathymetrische Zonen unterteilt (Bild 9.1), die zugleich auch bionomische Zonen sind, denn die Verbreitung der marinen Organismen zeigt eine vertikale Zonengliederung.

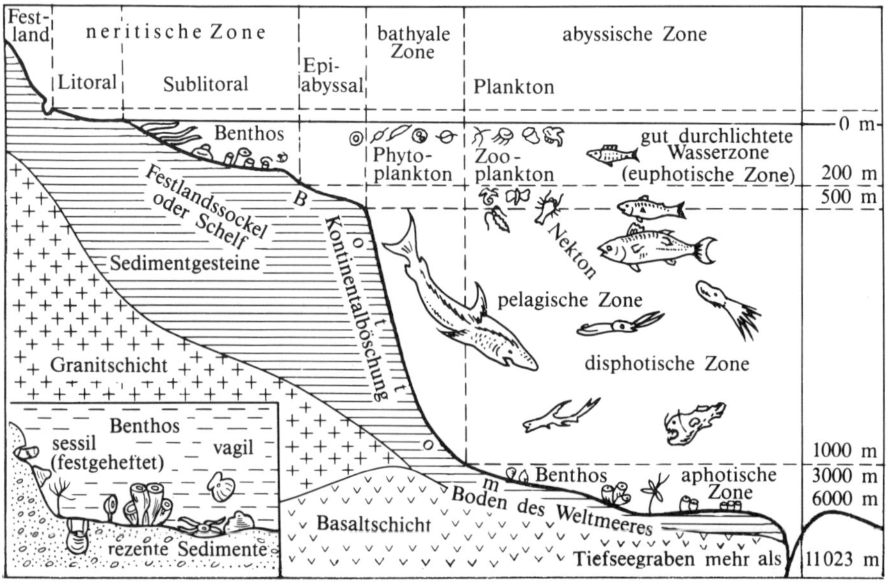

9.1 Bathymetrische und bionomische Zonen der Meere und Ozeane.

Vor der Küste befindet sich das Litoral, das heißt die Küstenzone zwischen Hoch- und Niedrigwasser. Seine Wassertiefe beträgt einige Meter. Diese Zone wird bei Flut überspült und bei Ebbe trockengelegt. Dort leben entsprechend angepaßte Organismen, denen die regelmäßigen Trockenphasen und Brandungswellen nichts anhaben können. Bis zu Tiefen von 200 m schließt sich daran das Sublitoral an. Es ist besonders reich an Leben, wird bestens durchlüftet und besitzt ein hohes Nährstoffangebot. Die Zone von 200 bis 500 m Tiefe wird als Epibathyal bezeichnet. Diese drei genannten Zonen werden häufig auch unter dem Sammelbegriff neritische Zone zusammengefaßt. Der Bereich bis 3 km Tiefe heißt Bathyal, von 3 bis 6 km reicht das Abyssal, und unter 6 km beginnt das Ultraabyssal. Die organische Welt in der Abyssalzone ist bedeutend ärmer sowohl was die Zahl als auch die Vielfalt der Formen betrifft. Sonnenlicht dringt praktisch nicht ein. Die Tiere ernähren sich hier von Schlamm, der organisches Material aus den oberen Wasserschichten enthält.

Die Meeresorganismen, deren Überreste in Sedimentgesteinen eingebettet sind, unterteilt man nach der Lebensweise in drei Gruppen: 1) das Nekton = aktiv schwimmende Tiere; 2) das Plankton = passive Schwimmer; 3) das Benthos = Bewohner des Meeresgrunds. Plankton und Nekton sind im offenen Meer heimisch und werden entsprechend als pelagische Formen bezeichnet. Das Leben der benthonisch lebenden Formen ist an den Meeresgrund gebunden. Der von Benthosorganismen besiedelte Bereich des Meeresbodens heißt ebenfalls Benthos. Die einen Benthosformen haften sich am Grund fest, anderen liegen frei auf dessen Oberfläche, die dritten kriechen am Boden oder graben sich ein.

Schon länger als ein halbes Jahrhundert gilt traditionsgemäß, daß die verschiedenen bathymetrischen und bionomischen Zonen den bestimmenden Reliefformen des Meeresbodens entsprechen. So wird der Meeresboden zwischen den Tiefenmarken 0 und 200 m dem Festlandssockel der Kontinente oder dem Schelf gleichgesetzt. Das ist ein mehr oder minder ebener Bereich des Meeresbodens, der die Kontinente und die großen Inseln umsäumt.

Unterhalb der Wassertiefe von 200 m fällt der Meeresboden verhältnismäßig steil ab, diesen Bereich bezeichnet man als Kontinentalhang oder -böschung. In Tiefen über 3 km liegt die ebene Tiefsee oder der eigentliche Ozeanboden. Bereiche des Meeresbodens mit Tiefe über 6 km heißen Tiefseesenken.

Lange Zeit war über den Aufbau des Meeresbodens nur sehr wenig bekannt. Die Tiefseebohrungen von Bord des Forschungsschiffs „Glomar Challenger" (seit 1968) führten zu einer wahren wissenschaftlichen Revolution. Denn bis dahin konnten die Geologen nur Gesteinsproben untersuchen, die unter Einsatz von Dredgen oder Schleppnetzen an die Oberfläche befördert wurden.

Die geologischen Informationen, die die Kerne von Tiefseebohrungen geliefert haben, sind wirklich einzigartig, denn sie geben nicht nur Aufschluß über die Zusammensetzung und das Alter der Gesteine, sondern auch über die Prozesse, die zur Entstehung der Gesteine führten und die deren Überlieferung bis heute ermöglichten.

Gemäß dem Tiefseebohrprogramm wurden mehr als 600 Bohrungen niedergebracht, die sich allerdings auf den Bereich zwischen 45° n. Br. und 40° s. Br. beschränkten, da bei Arbeiten in höheren Breiten die Gefahr der Kollision mit

Eisbergen besteht. Man hatte Gesteine erbohrt und beschrieben, deren Alter von der Jetztzeit bis in den Oberen Jura (Weißer Jura, Malm, etwa 160 Millionen Jahre) reichte, und dabei viele überaus wichtige Gesetzmäßigkeiten erkannt. Eine von ihnen besteht darin, daß die ältesten Ablagerungen in den Randbereichen der Ozeane auftreten, während die jüngsten an die zentralen Gräben der mittelozeanischen Rücken gebunden sind. In der Tat, immer wenn ein neuer Magmenschub aufsteigt, erstarrt dieser hier und wird rissig. In die nunmehr gebildeten Risse dringt das Magma ein und schiebt die älteren Gesteine von der Achse weg nach den Seiten. Aus diesem Grund finden wir die ältesten marinen Sedimente — aus dem Jura — in der Nähe der Kontinente.

Die Sedimentlieferanten für die Ozeane sind die Kontinente. Jährlich werden in das Weltmeer etwa 250 Milliarden Tonnen Schwebestoffe eingebracht. Rund 80 % von ihnen setzen sich in der Nähe der Kontinente, auf dem Schelf ab, der Rest wird in die tieferen Bereiche des Ozeans hinausgetragen. Daher finden wir um die Kontinente einen breiten Gürtel von Sedimenten, die unmittelbar vom angrenzenden Festland stammen.

Im offenen Ozean besteht die Hauptmasse angelieferten Sedimente aus vulkanogenen und organogenen Komponenten. Letztere entstehen durch Anhäufung von Skelettelementen der Mikroorganismen und von Produkten ihrer Lebenstätigkeit. Die Verbreitung der organogenen Ablagerungen hängt von der Temperatur der oberflächennahen Wasserschichten und vom Salzgehalt ab. Das vulkanische Material besteht aus Asche und Bims, die bei submarinen Eruptionen gefördert werden. Im Bereich der mittelozeanischen Rücken sind in relativ flachem Wasser abgelagerte Karbonatsedimente weit verbreitet.

Auf dem Ozeanboden hat man gewaltige Vorkommen an Bodenschätzen entdeckt, unter denen die Eisen-Mangan-Konkretionen an erster Stelle stehen. Sie bedecken große Flächen des Ozeanbodens in Form eines Kopfsteinpflasters. Neben einem hohen Gehalt an Eisen und Mangan führen die Konkretionen beachtliche Mengen an Nickel, Kupfer, Kobalt, Zink und anderen Metallen. Solche Anreicherungen von Eisen-Mangan-Konkretionen sind bereits von der ersten Challenger-Expedition (1872—1876) beschrieben worden. Heute kennt man sie aus verschiedenen Gebieten des Pazifiks, des Indischen und Atlantischen Ozeans in Tiefen zwischen 4 und 6 km sowie vom Grund der Barents-, der Kara- und der Ostsee, des Weißen und des Schwarzen Meeres.

Bei der Aufbereitung der Erzknollen können Titan, Blei, Zink, Molybdän und andere Elemente gewonnen werden. Die größte Schwierigkeit besteht darin, die Erze an die Oberfläche zu bringen. Entsprechende Verfahren hierfür werden derzeit entwickelt.

An einigen Stellen des Weltmeeres sind metallhaltige Sedimente (sogenannte „Erzschlämme“) verbreitet. Sie enthalten Mangan, Eisen und zahlreiche andere Metalle, allerdings in geringeren Konzentrationen als die Eisen-Mangan-Konkretionen. Während jedoch die Mächtigkeit der Konkretionslagen nur wenige Dezimeter beträgt, liegt die Mächtigkeit der metallhaltigen Sedimente bei mehreren zig von Metern. Am Boden des Roten Meeres hat man in Beckengebieten rund 10 größere Erzvorkommen entdeckt, die vom Meeresgrund heraus mit heißen Salzlösungen gespeist werden. Solche metallhaltige Schlämme konnten sowjetische Expeditionen im Stillen Ozean vor allem südlich der Galapagos-

Inseln aber auch an zahlreichen anderen Stellen nachweisen, wo Materie aus dem Erdinneren nach oben dringt. In Regionen, wo die bis auf 1500 °C erwärmten Basalte in Kontakt zum Meerwasser treten, fließen hydrothermale Quellen aus, die heißes, mit verschiedenen chemischen Elementen gesättigtes Wasser aus dem Erdinneren fördern.

In der Mitte der siebziger Jahren beobachteten die Teilnehmer einer französisch-amerikanischen Expedition bei Forschungsarbeiten im U-Boot ein ungewöhnliches Schauspiel. Aus kleinen kegelförmigen Hügeln, die einem Termitenbau ähnelten, wurden Schwaden von schwarz gefärbtem Wasser ausgestoßen, aus dem sich Metallverbindungen absetzten, die letztlich auch diese Kegel aufbauten. Als sich das U-Boot dem schwarzen Wasser zu nähern versuchte, gab das Temperatur-Warnsystem Alarm, denn die Wassertemperatur betrug 400 °C. Analysen dieses Wassers ergaben hohe Gehalte an Zink, Eisen, Silber, Kobalt und Kadmium. In der Nähe des Unterwasser-„Geisers" hatten sich ausgedehnte Kolonien von Bodenorganismen angesiedelt. Das heiße Wasser und ein hohes Nährstoffangebot aus dem Erdinneren schafften für die Benthosorganismen überaus günstige Lebensbedingungen.

Die durchbohrten Tiefseesedimente enthalten zahlreiche fossile Reste von Mikrofossilien. Die Untersuchung der planktonischen (im Oberflächenwasser lebenden) und der benthonischen Foraminiferen, des Nanoplanktons, der Radiolarien, der Kiesel- und Blaugrünalgen ermöglichte nicht nur die Altersbestimmung dieser Sedimente, sondern auch die Entwicklung der Gehäuseformen zu studieren und die geochronologische Zeitskala zu präzisieren.

Alle genannten einzelligen Mikrofossilien verfügen über recht bemerkenswerte Eigenschaften. Erstens verbreiten sich die planktonartigen Mikroorganismen mühelos und rasch über riesige Entfernungen. Zweitens durchlaufen zahlreiche Foraminiferengruppen und auch das Nanoplankton eine rasche Entwicklung. In dieser Hinsicht übertreffen sie bei weitem die mehrzelligen Organismen, die schon lange zur Untergliederung und zur Korrelation der Sedimente herangezogen werden. Bei allen meereskundlichen Forschungen, insbesondere bei Tiefseebohrungen, ist heute die Untersuchung des Nanoplanktons und der anderen Mikroorganismen ein unbedingtes Muß.

Mittels dieser Mikrofossilien konnte für die Schichtenfolgen der Oberkreide sowie des Alt- und Jungtertiärs sowohl in den Ablagerungen des offenen Ozeans als auch in den Sedimenten der Rand- und Binnenmeere, ja selbst in kontinentalen Bildungen eine präzise stratigraphische Gliederung erarbeitet werden. Die Gliederung ist hierbei so detailliert, daß einzelne Horizonte sogenannte Fossilzonen herausgearbeitet werden konnten, die im Verlauf weniger Jahrtausende abgelagert worden sind.

Die Bohrergebnisse haben gezeigt, daß mit Annäherung an die Zentralzone der mittelozeanischen Rücken sich nicht nur das Alter der Sedimente ändert, sondern daß außerdem langgestreckte magnetische Anomalien auftreten, die eine unterschiedliche Polarisierung aufweisen (Bild 9.2). Weiterhin ergab sich in der Folge, daß jede dieser normal bzw. invers polarisierten Gesteinseinheiten ein anderes Alter besitzt und daß diese Bereiche symmetrisch zu den mittelozeanischen Rücken angeordnet sind. Sowohl diese Anordnung als auch die Genese dieser Gesteinsserien bestätigen und untermauern die Vorstellung von der fort-

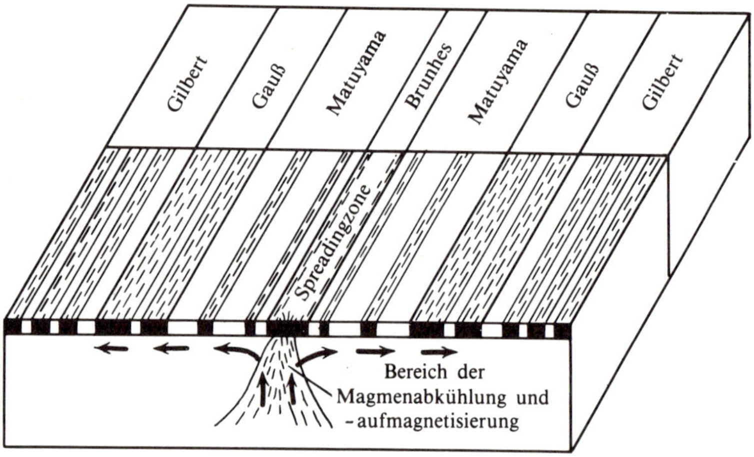

9.2 Modell des „Magnetbands" und einer Zeitskala der Magnetfeldinversionen. Sie zeigt eine symmetrische Anordnung der streifenförmigen Magnetanomalien zu beiden Seiten eines mittelozeanischen Rückens.

währenden Neubildung der ozeanischen Kruste an den mittelozeanischen Rücken. Aus der Veränderung der Sauerstoff- und Kohlenstoffisotope in den Sedimenten und den Schalen der Mikroorganismen konnten Rückschlüsse auf die Wassertemperatur des Weltmeeres in der geologischen Vergangenheit gezogen werden.

Somit waren reale Voraussetzungen gegeben, um den Zeitpunkt und die Ursachen der weltweiten Kälteperioden und der Eiszeiten zu ermitteln.

Ausgehend von einem Vergleich der Geschwindigkeiten seismischer Wellen hatten die Geophysiker, noch vor Beginn der Tiefseebohrungen, ein Dreischicht-Modell der ozeanischen Kruste entwickelt. Danach sollen die Sedimentgesteine von Basalten unterlagert werden, und diese wiederum ruhen auf Gabbros, ebenfalls basischen Gesteinen. Den Untergrund schließlich bilden Ultrabasite, die zu den dichtesten Gesteinen der Erdkruste gehören.

Die Bohrungen haben sehr wertvolle Erkenntnisse über das Gefüge der Basalte erbracht, die nicht nur an den mittelozeanischen Rücken, sondern auch in Tiefseebecken auftreten, wo sie von einer dicken Schicht Sedimentgesteine überdeckt werden. Untersuchungen der Zusammensetzung der hydrothermalen Wässer, die die Basaltschicht durchströmen, haben darüber hinaus wertvolle Informationen über die Ionen-Zusammensetzung des Meerwassers in der geologischen Vergangenheit geliefert.

Mehr als 200 von der „Glomar Challenger" niedergebrachte Bohrungen durchteuften die Sedimentserien, erreichten die Basaltschicht und drangen dort mehrere zig Meter ein. Nur einige Bohrlöcher wurden im Basalt bis in eine Teufe von 300 bis 400 m niedergebracht, und eine Bohrung im pazifischen Costa-Rica-Riff drang sogar bis in eine Tiefe von 1075 m in die Basalte ein.

Die Basalte des Ozeanbodens unterscheiden sich von der chemischen Zusammensetzung her deutlich von den Basalten auf den Kontinenten und von den Übergangszonen Kontinent—Ozean. Es hat sich gezeigt, daß sie in einer Tiefe von 15 bis 45 km aus dem Mantelmaterial aufgeschmolzen worden sind, das durch eine spezifische Zusammensetzung der Strontium- und Bleiisotope gekennzeichnet ist.

Die Vulkanite des Ozeanbodens zeigen eine breite Palette von Eruptionsformen, die miteinander wechseln und oftmals durch Sedimente getrennt sind. Dies spricht für eine schubweise Förderung der Basaltströme aus der Magmenkammer heraus, in der sich immer wieder Mantelmaterial sammelt.

Die einzelnen Magmenschübe im Bereich der mittelozeanischen Rücken sind wiederum die Folge der diskontinuierlich ablaufenden Dehnungsvorgänge und der damit verbundenen Neubildung von ozeanischer Kruste.

Laboratorien der Meeresforschung

Die eigentliche Erforschung der Weltmeere begann mit den Fahrten des englischen Schiffes „Challenger“. Vor etwa 120 Jahren verließ dieses Forschungsschiff den Hafen von Portsmouth, blieb etwa 3,5 Jahre auf See und legte dabei rund 70 000 Seemeilen zurück. Die dabei durchgeführten Tiefenmessungen in allen Ozeanen, das Nordpolarmeer ausgenommen, bildeten den Grundstein der Ozeanographie. Die Entdeckungen während der Fahrt der „Challenger“ stehen in einer Reihe mit jenen großen marinen Entdeckungen des 15. und 16. Jahrhunderts.

Das Forschungsschiff führte Tiefenmessungen durch, entnahm mit Dredgen Gesteins- und Bodenproben und untersuchte den tierischen und pflanzlichen Inhalt von Schleppnetzen. Es ermittelte weiterhin die Temperaturverhältnisse in verschiedenen Wassertiefen, erfaßte atmosphärische und metereologische Phänomene sowie Richtung und Geschwindigkeit der Oberflächen- und Tiefenströmungen.

Die Ergebnisse der Expedition sind in Form eines offiziellen Berichts veröffentlicht worden und umfassen 50 Bände. Zwei Bände enthalten die wichtigsten Forschungsergebnisse, in zwei anderen wurde der Verlauf der Fahrt beschrieben, und die übrigen Bände stellen Monografien der führenden Forscher jener Zeit — Thomas Huxley, Louis Agassiz, Henry Moseley, Ernst Haeckel u. a. — dar.

Die Challenger-Expedition hatte 715 neue Gattungen und 4417 neue Arten von Lebewesen entdeckt. Damit war überzeugend nachgewiesen worden, daß die Tiefen des Ozeans keine unbelebten Räume darstellen, sondern von lebenden Organismen besiedelt sind. Die Expedition hatte die Grundlage für die Erforschung des Meeresbodens gelegt, und seit dieser Zeit wird dessen Topographie und Geologie systematisch erforscht.

Die Notwendigkeit einer Erkundung der Gesteine unter den Ozeanen ergibt sich aus dem stürmischen Wachstum der Industrie und der drastisch steigenden Nachfrage nach mineralischen Rohstoffen. Besonders aktiv wird die Erforschung des Ozeanbodens betrieben, nachdem sich herausgestellt hat, daß viele Erdöl- und Erdgaslagerstätten des Festlands sich bis in die angrenzenden Meere erstrecken.

Anfang der sechziger Jahre wurden die ersten Bohrungen in Wassertiefen bis zu 200 m vorgenommen. Dadurch wurden Erdölvorkommen auf dem arktischen Schelf vor Alaska, in der Nordsee und vor der Küste Indonesiens erschlossen. Zugleich erwuchs daraus ein Bedarf für die Erkundung und für Tiefseebohrungen im offenen Ozean, die der Erforschung des Aufbaus der Erdkruste und ihrer Entstehung dienen sollten.

Am 23. März 1968 lief in den USA das Tiefseebohrschiff „Glomar Challenger“ vom Stapel, im August des gleichen Jahres begannen die Arbeiten des „Deep Sea Drilling Project“.

Die „Glomar Challenger“ (Bild 9.3) entspricht den modernen Anforderungen, die für Erkundung des geologischen Aufbaus des Meeresbodens an ein Tiefseebohrschiff gestellt werden. Sie besitzt Satelliten-Navigationsanlagen mit einer Genauigkeit der Standortbestimmung von ± 50 m sowie alle Arten von Geräten für moderne Funknavigation. Sechs Forschungslaboratorien sind vorhanden: ein sedimentologisches, ein geochemisches, ein organisch-chemisches, ein mikropaläontologisches, ein petrographisches und ein Fotolabor. Der Heizöl- und Lebensmittelvorrat reicht für eine Fahrt von 3 Monaten.

Im Mittelteil des Schiffes steht ein 47 Meter hoher Bohrturm mit einer Tragfähigkeit von 500 kg. Auf dem Oberdeck befindet sich das Lager für die Bohrgestänge.

Die Entwicklung der sowjetischen Meereskunde und Meeresgeologie ist eng mit der Entwicklung der eigenen Flotte verbunden. Ihre Geschichte begann mit dem Forschungsschiff „Perseus“. Die Flotte wurde gleich nach dem Bürgerkrieg auf Kiel gelegt. Zur Zeit besteht die sowjetische Expeditionsflotte aus mehr als 70 Forschungsschiffen, die mit den modernsten Geräten ausgestattet sind und sich mit der Erforschung der Biologie, Chemie und Hydrologie des Weltmeeres, des globalen und regionalen Klimas sowie der Geologie des Meeresbodens neben anderen Aufgaben befassen.

Flaggschiff der sowjetischen Forschungsflotte ist die „Akademik Kurtschatow“, zur Legende ist die „Witjas“ („Recke“) geworden. Ihre Jungfernfahrt absolvierte die „Witjas“ im Schwarzen Meer, danach trat sie 1949 die Fahrt nach dem Fernen Osten an. In den anschließenden 30 Jahren hat sie die fernöstlichen Meere, den Pazifik und den Indischen Ozean erkundet. Im Rahmen ihrer Kreuzfahrten wurden einzigartige Daten zur Hydrologie, Hydrochemie, Biologie, Ichthyologie und Geologie gesammelt und ausgewertet.

Mit dem Namen des Forschungsschiffs „Witjas“ ist die Bearbeitung von zwei großen Forschungsvorhaben eng verbunden: die Erforschung der Biologie und Bathymetrie des Pazifiks sowie geologische Erforschung der Tiefseebecken. Witjas-Expeditionen haben Tiefseeberge, langgestreckte submarine Gebirgsrücken, ausgedehnte Senken und tiefe Becken entdeckt und untersucht. Die Karte des Stillen Ozeans zeigt seit dieser Zeit das Obrutschew-Plateau, die Witjas-Rinne und den Witjas-Tiefseeberg, die submarinen Gebirgszüge Akademie der Wissenschaften der UdSSR und Bogorow, sowie die nach Makarow, Wawilow, Issakow, Papanin, Schirschow, Gagarin, Titow u. a. benannten Tiefseeberge. Eingehend erkundet wurde außerdem der Marianengraben, für dessen tiefste Stelle ein Wert von 11 033 m angegeben werden konnte.

Im Jahre 1966 erhielt die sowjetische Expeditionsflotte das neue moderne Forschungsschiff „Akademik Kurtschatow“, das die Nachfolge der berühmten

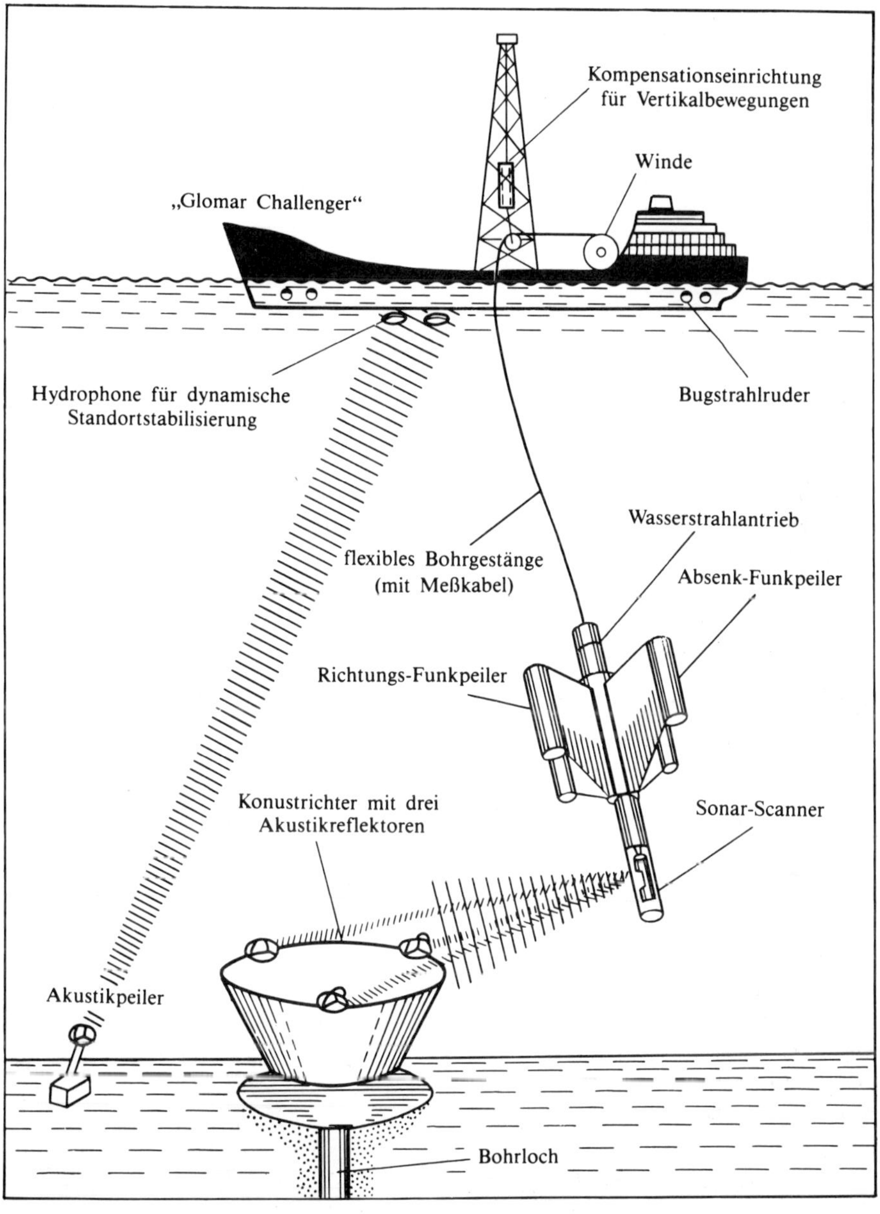

9.3 Grafische Darstellung der Bohr- und Navigationseinrichtungen des Forschungsschiffs „Glomar Challenger“.

„Witjas“ antrat. Die „Kurtschatow“ hat zahlreiche Forschungsfahrten über die Weltmeere unternommen und dabei umfangreiche Forschungen in den verschiedensten Regionen durchgeführt. Jede Fahrt dieses Schiffes war einem ganz bestimmten Problem gewidmet. Das waren geologisch-geophysikalische, hydrologische, biochemische und viele andere Probleme der Geologie und der physischen Ozeanologie. An Bord werden magnetische und gravimetrische Aufnahmen des Meeresbodens und seismische Tiefensondierungen durchgeführt, man erfaßt den aus dem Meeresgrund kommenden Wärmefluß, man registriert untermeerische Erdbeben und sammelt mittels Schleppnetzen und Dredgen Proben des Meeresbodens. Dank breit ausgelegten Forschungsrichtungen wurden wertvolle Erkenntnisse über den geologischen Aufbau und die Tektonik des Ozeanbodens gewonnen.

Eine neue Etappe in der Arbeit der „Akademik Kurtschatow" begann mit der 30. Expeditionsfahrt im Jahre 1979. An Bord des Schiffes befand sich das Tauchboot „Peisis" (Bild 9.4), das eine Drei-Mann-Besatzung aufnehmen kann. Die „Peisis" ist zu ausgedehnten Tauchfahrten bis in größere Tiefen fähig. Ihre leistungsfähigen Scheinwerfer erhellen in der ewigen Finsternis die erstaunlichen Landschaftsformen des Meeresbodens. Die maximale Tauchtiefe der „Peisis" beträgt 2000 m.

Eine ihrer ersten Tauchfahrten führte die „Peisis" zum Gipfel des Unterwasserberges Amper. Er liegt auf dem Breitengrad der Straße von Gibraltar, 700 km von der Einfahrt ins Mittelmeer entfernt, und an ihn waren lange Zeit die Hoffnungen auf die Enträtselung des jahrhundertealten Geheimnisses der in den Meerestiefen verschwundenen legendären Stadt Atlantis geknüpft. Spuren der Atlantis sind auf dem Amper-Berg leider nicht entdeckt worden. Sie muß irgendwo anders gelegen haben.

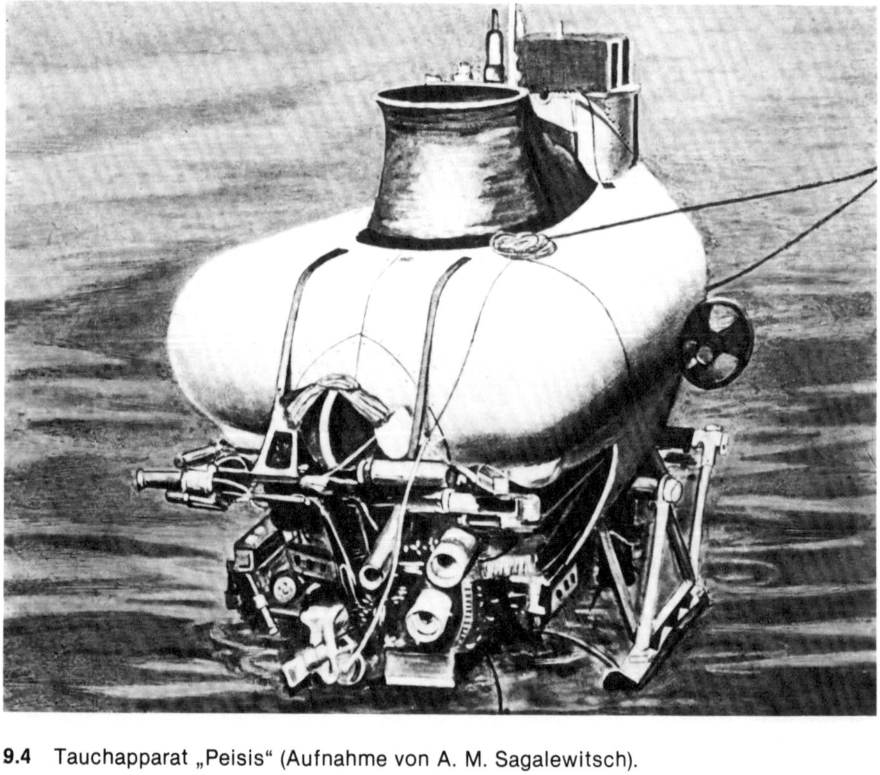

9.4 Tauchapparat „Peisis" (Aufnahme von A. M. Sagalewitsch).

Die „Peisis“ ist mit zahlreichen Geräten zur Messung der physikalischen und chemischen Eigenschaften des Meerwassers, mit einer Foto- und einer Videokamera ausgestattet. Die Wissenschaftler können den Meeresboden und die Hänge der Becken visuell erforschen und außerdem mittels mechanischer Greifer (Manipulatoren) die erforderlichen Bodenproben entnehmen. Binnen weniger Minuten wird die Gesteinsprobe durch ein Kammersystem ins Innere des Tauchfahrzeugs geschleust.

Während der 26 Taucheinsätze der „Peisis“ im Roten Meer Anfang der achtziger Jahre sind Videofilme aufgezeichnet, mehr als 700 Fotos aufgenommen, fast 600 Gesteinsproben mit einer Gesamtgewicht von ca. 1 Tonne gesammelt worden. Die Tauchtiefe, die Menge der einmaligen wissenschaftlichen Daten und die Zahl der Entdeckungen waren beeindruckend. So hat man zum Beispiel herausgefunden, daß der Graben des Roten Meeres sehr jung ist. Er ist lediglich 4 bis 5 Millionen Jahre alt. Damit an dieser Stelle ein mittelozeanischer Rücken entsteht, müssen die Kontinentränder noch um mindestens 150 bis 200 km auseinanderdriften. Das aber wird erst nach etlichen zehn Millionen Jahren der Fall sein.

Durch autonome Tauchfahrzeuge erforscht man die Tiefen der Ozeane, die Flachmeere und die Binnengewässer. So leistete die „Peisis“ bei der Erforschung des auf der Welt einmaligen Süßwassergewässers — des Baikalsees — wesentliche Hilfe. Sein Untergrund besteht aus einem großen tektonischen Graben, der dem des Roten Meeres stark ähnelt. Und auch die dort ablaufenden Prozesse ähneln weitgehend denjenigen an den mittelozeanischen Rücken.

Einige Experten nehmen sogar an, der Baikalgraben werde sich ähnlich, wie die ostafrikanischen Gräben, in der fernen Zukunft durch weitere Dehnungsvorgänge in eine überaus tiefe Absenkung fortentwickeln. Solche mit Meerwasser gefüllten Tröge sind die Vorläufer künftiger Ozeane. In der Mitte Asiens und im Osten Afrikas werden also möglicherweise in ferner Zukunft neue Ozeane entstehen.

10. Die Bewegung der Kontinente

Lange Zeit über war in der geologischen Wissenschaft die Hypothese von der unveränderlichen Lage der Kontinente und Ozeane die vorherrschende Meinung. Man war der Auffassung, beide seien vor Hunderten Millionen von Jahren entstanden und hätten ihre Position niemals verändert. Nur in seltenen Fällen, wenn das Relief der Kontinente entsprechend erniedrigt war und der Wasserspiegel des Weltmeeres anstieg, sei das Meer in die Niederungen vorgedrungen und habe sie überflutet.

Die Geologen waren also in der Vorstellung befangen, die Erdkruste mache lediglich langsame vertikale Bewegungen durch und nur dadurch sei das Relief der Festländer und des Meeresbodens entstanden.

Zu der Ansicht, die „irdische Feste" befinde sich in einer ständigen Vertikalbewegung und gestalte damit das Relief der Erde, hatte sich die absolute Mehrheit der Geologen schon vor langer Zeit bekannt. Oftmals erreichen diese Bewegungen jedoch große Beträge und Geschwindigkeiten und führen dadurch zu gewaltigen Katastrophen, zum Beispiel zu Erdbeben. Es gibt daneben aber auch noch sehr langsame, selbst mit den empfindlichsten Geräten nicht wahrnehmbare vertikale Oszillationsbewegungen. Nur innerhalb eines sehr langen Zeitraums wird erkennbar, daß die Berggipfel um etliche Zentimeter höher geworden sind und die Flußtäler sich stärker eingeschnitten haben.

Bereits Ende des 19. bis Anfang des 20. Jahrhunderts äußerten einige Naturforscher die ersten Zweifel an diesen Überlegungen und postulierten zaghaft den Gedanken, die heute durch Ozeane getrennten Kontinente könnten in der fernen geologischen Vergangenheit in einer zusammenhängenden Landmasse vereinigt gewesen sein. Diese Wissenschaftler steckten, wie das für Menschen mit umwerfenden Ansichten meistens zutrifft, in einer schwierigen Situation, denn Beweise zur Stützung ihrer Annahme konnten sie nicht erbringen. Vertikale Bewegungen der Erdkruste ließen sich zwar durch gewisse innere Kräfte, zum Beispiel durch die Einwirkung der Erdwärme, erklären, doch eine Verschiebung der riesigen Kontinente auf der Erdoberfläche konnte sich kaum jemand vorstellen.

Die Hypothese A. Wegeners

Zu Anfang des 20. Jahrhunderts entwickelte der deutsche Geophysiker Alfred Wegener seine Hypothese der Kontinentalverschiebung, die unter den Naturwissenschaftlern allgemein anerkannt wurde.

Wegener hatte viele Jahre auf Expeditionen verbracht und kam im November 1930 (das genaue Datum ist nicht bekannt) in den Gletschern Grönlands ums Leben. Die Nachricht vom Tode Wegeners, der in der Blüte seiner schöpferischen Kräfte stand, erschütterte die wissenschaftliche Welt. Seine Idee von der Drift der Kontinente gab damals neue Impulse. Viele Geologen und Geophysiker, Paläogeographen und Biogeographen zeigten reges Interesse an den neuen Vorstellungen und entwickelten sie in ihren Arbeiten weiter.

Auf den Gedanken, eine Wanderung der Kontinente sei durchaus möglich, kam Wegener, als er die geographische Weltkarte einer gründlichen Betrachtung unterzog. Frappierend war für ihn der übereinstimmende Verlauf der Küstenlinien Südamerikas und Afrikas. Später untersuchte Wegener den Fossilinhalt, der ebenfalls für eine einstige Landverbindung zwischen Brasilien und Afrika sprach. Dies wiederum gab den Anstoß für eine weit ins Detail reichende Auswertung der bis dahin vorhandenen geologischen und paläontologischen Daten, wobei Wegeners Annahme sich als richtig erwies.

Zunächst war es schwer, die etablierte Vorstellung von der Unveränderlichkeit des Standorts der Kontinente, das heißt der Fixismus-Hypothese, durch zwar scharfsinnige, jedoch rein spekulative Überlegungen der Mobilisten ins Wanken zu bringen, die lediglich auf der Ähnlichkeit der gegenüber liegenden Atlantikküsten beruhten. Alfred Wegener war es völlig klar, daß er die Gegner seiner Kontinentalverschiebungstheorie nur durch schlagkräftige Beweise, gestützt auf umfassende geologische und paläontologische Fakten, überzeugen konnte.

Zur Bestätigung der Kontinentalverschiebung führten Wegener und seine Anhänger vier unabhängige Kriterien ins Feld: geomorphologische, geologische, paläontologische und paläoklimatische Erkenntnisse. In erster Linie besteht eine deutliche Ähnlichkeit zwischen den Küstenlinien der Kontinente beiderseits des Atlantiks, der Küstenverlauf der den Indischen Ozean umgebenden Landmassen passen zwar, jedoch nicht ganz so eindeutig. Wegener nahm nun an, daß alle Kontinente vor etwa 250 Millionen Jahren in einer zusammenhängenden Landmasse vereint waren, dem Großkontinent Pangaea. Diese Landmasse bestand aus zwei Teilen. Im Norden lag Laurasia, der Eurasien (ohne Indien) und Nordamerika umfaßte; der südliche Bereich mit Südamerika, Afrika, Indien, Australien und der Antarktis erhielt den Namen Gondwana.

Die Rekonstruktion Pangaeas erfolgte in erster Linie anhand geomorphologischer Erkenntnisse. Sie fand ihre volle Bestätigung durch die Übereinstimmung der geologischen Schichtenfolgen auf den einzelnen Kontinenten und den Verbreitungsgebieten bestimmter Tiere und Pflanzen. Die gesamte fossile Flora und Fauna der zum Gondwanaland gehörenden Südkontinente bildet eine einheitliche Lebensgemeinschaft. Viele Land- und Süßwasser bewohnende Invertebraten sowie die wirbellosen Formen des marinen Flachwassers, die sich über große Entfernungen aktiv nicht fortbewegen können und dennoch auf den verschiedenen Kontinenten nachgewiesen werden, sehen sich frappierend ähnlich. Ist schwer vorstellbar, daß sich die urzeitliche Flora hätte so ausbreiten können, wären die Kontinente damals genauso weit voneinander entfernt gewesen wie heute.

Überzeugende Beweise für die Existenz von Pangaea mit Gondwana und Laurasia erhielt Wegener nach der Auswertung der paläoklimatischen Daten. Damals war bereits allgemein bekannt, daß alle südlichen Kontinente Spuren einer gewaltigen Inlandvereisung aufweisen, die sich vor etwa 280 Millionen Jahren ereignete. Reste alter Moränen (sogenannte Tillite), Relikte glazialer Landschaftsformen und Spuren der Gletscherbewegungen sind in Südamerika (Brasilien, Argentinien), Südafrika, Indien, Australien und in der Antarktis nachgewiesen. Es ist schwer vorstellbar, daß auf den heute so weit voneinander entfernten Kontinenten fast gleichzeitig eine Vereisungsphase einsetzen sollte. Zudem liegen die meisten der genannten Vereisungsgebiete heute nahe des Äquators.

Die Gegner der Kontinentaldrifthypothese führten folgende Argumente ins Feld: Alle diese Kontinente lagen in der Vergangenheit zwar in äquatorialen und tropischen Breiten, doch ihr Relief war damals wesentlich höher als heute, so daß Schnee- und Eisbildung durchaus möglich war. Schließlich ist der Kilimandscharo auch heute dauernd von Schnee und Eis bedeckt. Insgesamt ist es wenig wahrscheinlich, daß die Meereshöhe der Kontinente in jener fernen Zeit 3500 bis 4000 m betrug. Für diese Annahme gibt es keinerlei Gründe, denn in diesem Fall müßten die Kontinente einer intensiven Abtragung ausgesetzt gewesen sein, und in ihrer Umgebung müßten grobkörnige Schuttmassen abgelagert worden sein, ähnlich den Schuttfächern der Gebirgsflüsse. In Wirklichkeit jedoch wurden auf dem Schelf der Kontinente nur feinkörnige und chemische Sedimente abgelagert.

So kann diese einzigartige Erscheinung, das heißt das Auftreten ehemaliger Moränen in den heutigen Äquator- und Tropenregionen der Erde, am ehesten damit erklärt werden, daß der Superkontinent Gondwana, bestehend aus Südamerika, Indien, Afrika, Australien und Antarktis, sich in hohen Breitengraden in der Nähe des geographischen Südpols befunden haben muß.

Die Gegner der Kontinentaldrifthypothese konnten sich nicht vorstellen, auf welche Weise sich die Kontinente über derart große Entfernungen bewegt haben sollen. Alfred Wegener erklärte das am Beispiel der schwimmenden Eisberge, die sich unter dem Einfluß der durch die Erdrotation bedingten Zentrifugalkräfte bewegen.

So ist die Kontinentalverschiebungshypothese dank der Einfachheit und Anschaulichkeit und vor allem der Überzeugungskraft der zu ihrer Begründung herangezogenen Fakten recht schnell populär geworden. Doch dem Erfolg folgte recht schnell Enttäuschung. Die Kritik kam zuerst von den Geophysikern, die eine große Zahl an tatsächlichen, vor allem physikalischen Widersprüchen in den logischen Folgerungen Wegeners entdeckten. Damit war für sie der Beweis erbracht, daß eine Kontinentaldrift unter diesen Voraussetzungen und in dieser Form nicht möglich ist, und gegen Ende der vierziger Jahre hatte die Hypothese Wegeners nahezu keine Anhänger mehr. Ein Jahrzehnt später neigten die meisten Geologen dazu, die Drifthypothese endgültig aufzugeben, denn sie könne lediglich als ein historisches Paradoxon der Wissenschaft betrachtet werden, das keine Bestätigung gefunden und die Prüfung durch die Zeit nicht bestanden habe.

Paläomagnetismus und Neomobilismus

In der Mitte des 20. Jahrhunderts begann die intensive Erforschung des Reliefs und der Geologie des Ozeanbodens, seiner tiefer liegenden Schichten sowie der Physik, Chemie und Biologie des Meerwassers. Den Meeresboden tastete man mit zahlreichen Geräten ab. Die Auswertung der seismischen und magnetischen Aufzeichnungen brachte neue Erkenntnisse. So hatte man herausgefunden, daß viele Gesteine eine remanente Magnetisierung aufweisen, die der Richtung des geomagnetischen Feldes zur Zeit der Gesteinsentstehung entspricht. In den meisten Fällen bleibt diese Magnetisierung über viele Millionen Jahre erhalten.

Die Methoden der Probenahme und Messung des remanenten Magnetismus unter Verwendung von Magnetometern sind inzwischen gängige Verfahren. Indem man die magnetische Feldrichtung unterschiedlich alter Gesteine ermittelt, erfährt man, wie sich in einem bestimmten Gebiet die Richtung des geomagnetischen Feldes innerhalb eines gewissen Zeitraumes verändert hat.

Die Untersuchung des remanenten Magnetismus der Gesteine hat zu zwei grundlegenden Entdeckungen geführt. Erstens weiß man jetzt, daß sich die Richtung des Magnetfeldes im Verlauf der langen Erdgeschichte mehrmals änderte — von der normalen Magnetisierung, wie sie dem heutigen Zustand entspricht, bis zur inversen genau entgegengesetzten Richtung. Diese Entdeckung fand Anfang der sechziger Jahre unseres Jahrhunderts ihre Bestätigung. Es hat sich weiter gezeigt, daß die Ausrichtung der Magnetisierung zeitabhängig ist, und so konnte aus den Umpolungen des irdischen Magnetfelds eine paläomagnetische Zeitskala erarbeitet werden.

Zweitens konnte für die Magnetisierung der Vulkanite zu beiden Seiten der mittelozeanischen Rücken eine gewisse Symmetrie nachgewiesen werden. Die langgestreckten streifenförmigen Anomalien sind dabei parallel und symmetrisch zu beiden Seiten der mittelozeanischen Rücken angeordnet, wobei jedes Paar ein identisches Gesteinsalter aufweist. Die Alterswerte nehmen hierbei mit der Entfernung von der Zentralzone der mittelozeanischen Rücken in Richtung auf die Kontinente zu. Diese streifenförmig angeordneten magnetischen Anomalien stellen gewissermaßen die Aufzeichnung normaler und inverser Pollagen in Form eines riesigen Magnetbandes dar.

Der amerikanische Forscher H. H. Hess hatte die später mehrfach bestätigte Vermutung geäußert, daß im obersten Mantel partiell aufgeschmolzenes Gesteinsmaterial entlang von Spalten und an den Randverwerfungen des Zentralgrabens aufsteigt und so der gesamte Boden des Zentralgrabens allmählich mit vulkanischem Material überdeckt wird. Es erstarrt und wird hierbei entsprechend der Richtung des herrschenden Magnetfeldes magnetisiert. An den mittelozeanischen Rücken herrscht generell Dehnung. Neue Spalten reißen auf. Dadurch werden die Gesteine in der Zentralzone der Rücken stetig in zwei Hälften zerlegt, die spiegelbildlich zueinander in entgegengesetzter Richtung auseinandergerissen und verfrachtet werden. Damit kommt es entlang der mittelozeanischen Rücken zu einer Spreizung des Meeresbodens und so zur Neubildung ozeanischer Kruste (Bild 10.1). Daher kann auch das Alter der Ozeane und ihre Geschichte aus der Anordnung der normal und invers magnetisierten Anomalien sowie der Zeitpunkt der Umpolungen bestimmt werden.

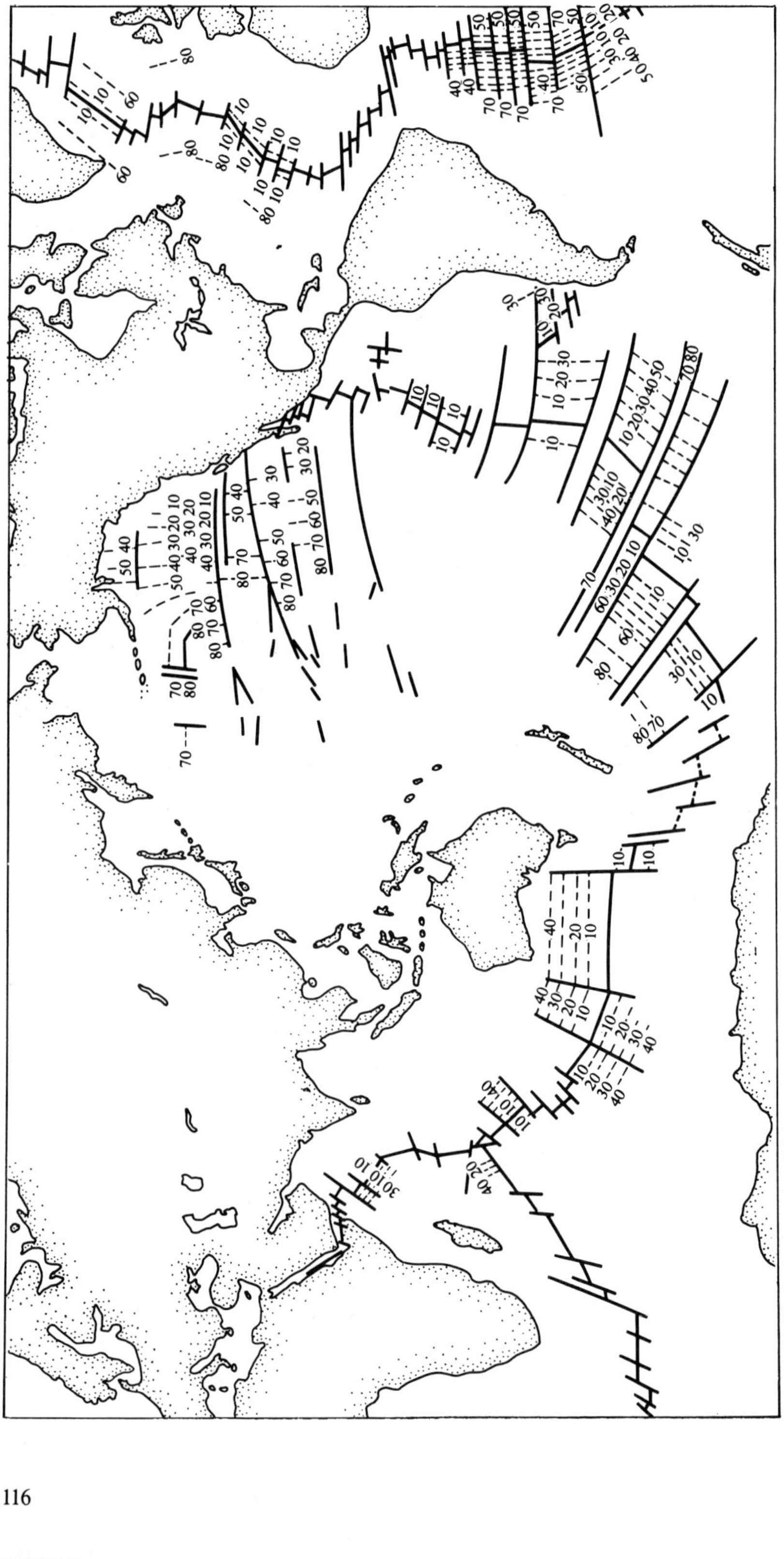

10.1 Neubildungen von ozeanischer Kruste entlang der mittelozeanischen Rücken (nach geomagnetischen Ergebnissen). Zahlen Millionen Jahre; fette Linien Grabenbrüche.

Die streifenförmigen Magnetanomalien des Ozeanbodens ermöglichen darüber hinaus die Rekonstruktion der Perioden mit inverser Polarisierung in der geologischen Vergangenheit. Darüber hinaus kann der remanente Magnetismus der älteren Gesteine dazu herangezogen werden, die Lage der Magnetpole in der jeweiligen geologischen Epoche zu bestimmen.

Bereits die ersten Bestimmungen der früheren Pollagen haben gezeigt, daß die Abweichung zwischen den früheren und heutigen Magnetpolen um so größer war, je älter die untersuchten Gesteine waren. Entscheidend jedoch ist, daß die in gleichalten Gesteinen bestimmten Polkoordinaten für die jeweiligen Kontinente identisch sind, für die verschiedenen Kontinente jedoch voneinander abweichen, und zwar je älter die untersuchten Gesteine waren, desto größer war die Differenz.

Ein Phämonen der paläomagnetischen Untersuchungen war die Diskrepanz der früheren von den heutigen Pollagen. Bei dem Versuch, sie zur Deckung zu bringen, mußten die Kontinente stets verschoben werden. Bemerkenswert war dabei, wenn man dies für das späte Paläozoikum und das frühe Mesozoikum tat, daß dann die Kontinente zu einem geschlossenen Festland zusammenrückten, das stark dem Großkontinent Pangaea ähnelte.

Derart überraschende Ergebnisse der paläomagnetischen Untersuchungen waren für viele Forscher der Anlaß, zur Kontinentaldrifthypothese zurückzukehren. Der englische Geophysiker E. Bullard und seine Mitarbeiter machten sich an die Überprüfung der Ausgangsbasis der Kontinentalverschiebung, die, wie bereits geschildert, in der Ähnlichkeit der Umrisse der heute durch den Atlantik getrennten Kontinentalschollen bestand. Der Vergleich erfolgte über Computerberechnungen, doch diesmal nicht ausgehend von den Küstenlinien wie bei Wegener, sondern anhand der 1800-m-Tiefenlinie, die etwa durch die Mitte des Kontinentalabhangs verläuft. Auch diesmal deckten sich die Konturen der Kontinente westlich und östlich des Atlantiks über große Strecken.

Die Plattentektonik

Die Entdeckung des Paläomagnetismus, der zu den Achsen der mittelozeanischen Rücken symmetrisch angeordneten invers magnetisierten Streifen, der Wanderung der Magnetpole im Laufe der Erdgeschichte und viele andere Erkenntnisse führten zur Wiedergeburt der Kontinentaldrifthypothese.

Die Annahme, der Ozeanboden spreize sich von den Achsen der mittelozeanischen Rüchen seitlich weg, wurde mehrfach bestätigt, besonders durch die Tiefseebohrungen. Vor allem die Seismologen entwickelten diese mobilistischen Ideen der Ozeanbodenspreizung. Dank ihren Untersuchungen konnte die Verteilung der seismisch aktiven Zonen auf der Erdoberfläche wesentlich besser erfaßt werden. Es erwies sich, daß diese Zonen zwar schmal sind, sich jedoch über große Längen erstrecken. Sie sind an die Kontinentränder, die Inselbögen und auch an die mittelozeanischen Rücken gebunden.

Die Wiederbelebung der Kontinentaldrifttheorie führte zur Entwicklung der Plattentektonik. Diese Platten bewegen sich langsam über die Oberfläche unseres Planeten. Ihre Mächtigkeit erreicht mitunter Beträge von 100 bis 120 km, meistens jedoch sind es nicht mehr als 80 bis 90 km. Es existieren nur sehr wenige solcher Lithosphärenplatten (Bild 10.2) — acht große und etwa fünfzehn kleinere, auch als Mikroplatten bezeichnet. Zwei große Platten lagern im Bereich des Stillen Ozeans. Sie bestehen aus dünner und leicht zu durchdringender ozeanischer Kruste. Die großen Platten, wie die Antarktische Platte, die Indisch-Australische, die Afrikanische, die Nordamerikanische, die Südamerikanische und die Eurasiatische Platte, besitzen eine kontinentale Kruste. Ihre Ränder, die Plattengrenzen, sind unterschiedlich ausgebildet. Bewegen sich die Platten auseinander, werden ihre Plattengrenzen als divergent bezeichnet. In der sich dabei bildenden Lücke (Riftzone) dringt aus dem Mantel heraus geschmolzenes Gesteinsmaterial ein. Es erstarrt auf Oberfläche des Ozeanbodens und verdickt so die ozeanische Kruste. Neu aufdringendes Mantelmaterial führt zur Spreizung der Riftzone und bewirkt damit eine Bewegung der Lithosphärenplatten. Solche Plattenränder sind durch die Zentralspalten entlang der Achsen der mittelozeanischen Rücken gekennzeichnet.

Bewegen sich Lithospärenplatten aufeinander zu, so entsteht eine konvergierende Plattengrenze. An einer solchen Kollisionszone laufen komplizierte Prozesse ab. Zu nennen sind vor allem zwei Vorgänge. Stößt eine ozeanische Platte mit einer anderen ozeanischen oder einen kontinentalen zusammen, dann wird sie nach unten in den Erdmantel hineingezogen (subduziert). Verbunden damit ist Bruch- und Faltentektonik. Entlang der Subduktionszone werden es bis in große Tiefen hinab Erdbeben ausgelöst. Diese schräg abtauchenden, seismisch aktiven Bereiche werden als Sawarizki-Benioff-Zonen bezeichnet.

Die ozeanische Platte sinkt in den Mantel ab und wird dort partiell aufgeschmolzen. Die leichte Komponente steigt nach oben und fließt bei Vulkanausbrüchen an der Oberfläche aus. Der Pazifische Feuerring ist auf solche Vorgänge zurückzuführen. Die schweren Komponenten hingegen sinken allmählich in den Mantel ab und können sogar die Grenzen des Erdkerns erreichen.

Bei Zusammenstoß zwei kontinentaler Platten kommt es zu einem anderen Effekt, vergleichbar den Vorgängen, wie sie beim Treiben von Eisschollen zu beobachten sind. Sie stoßen aneinander, zerbröckeln und schieben sich übereinander. Da die kontinentale Kruste viel leichter ist als der Erdmantel, tauchen die kontinentalen Platten nicht in den Mantel ab. Sie werden beim Zusammenprall gestaucht, und an ihren Rändern entstehen dabei große Faltengebirge.

Zahlreiche langjährige Beobachtungen haben Aufschluß über die mittleren Geschwindigkeiten gegeben, mit denen sich die Lithosphärenplatten bewegen. Sie reichen von 0,5 cm/Jahr im Gibraltargebiet bis zu 6 cm/Jahr im Bereich des Pamir und des Himalaja.

Zur Zeit bewegt sich Nordamerika mit einer Geschwindigkeit bis zu 5 cm pro Jahr von Europa weg. Australien dagegen entfernt sich von der Antarktis mit der höchsten bisher nachgewiesenen Geschwindigkeit von 14 cm pro Jahr.

Die höchsten Geschwindigkeiten zeigen die ozeanischen Lithosphärenplatten, sie sind 6- bis 7mal schneller als die kontinentalen Platten. Die schnellste ist die Pazifische Platte, das Schlußlicht bildet Eurasien.

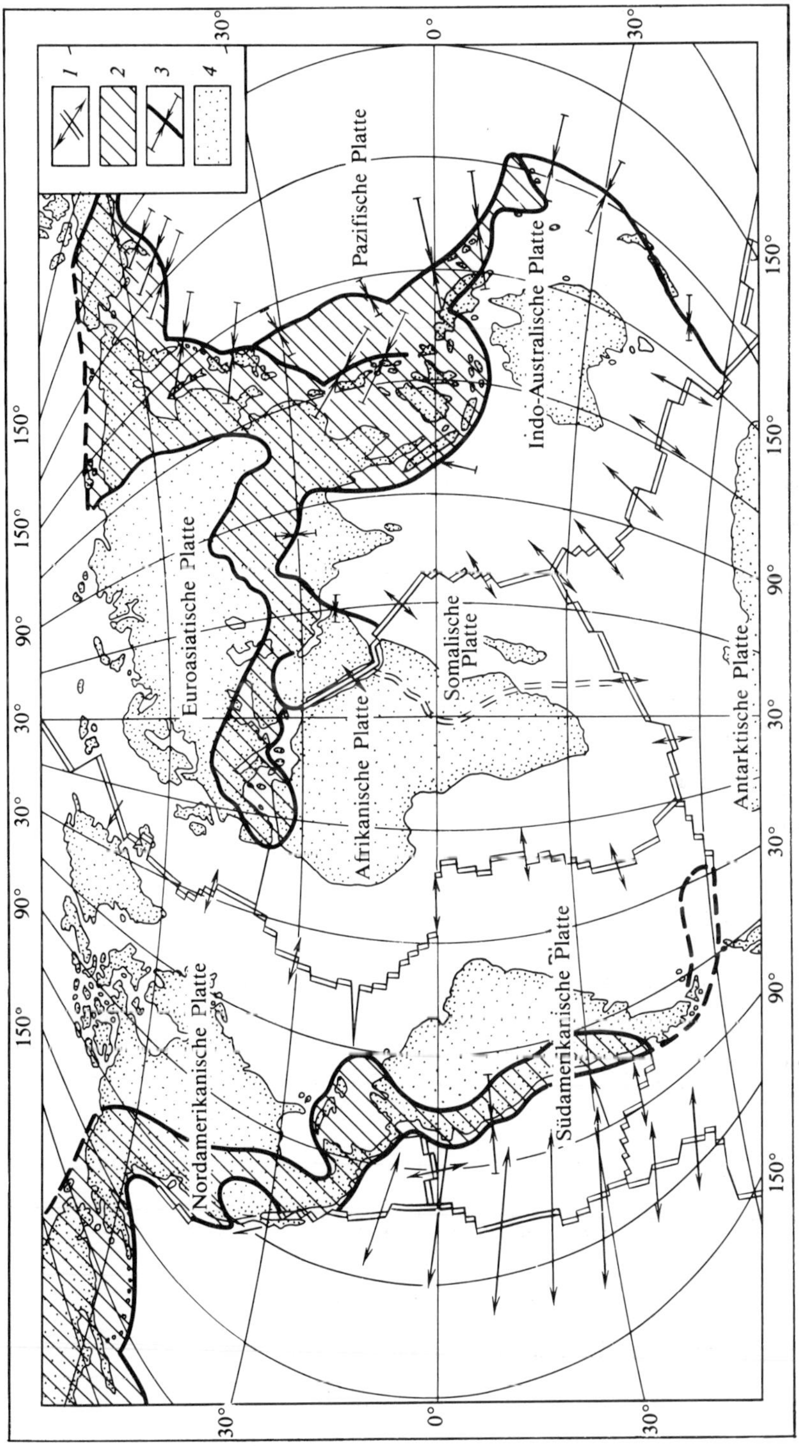

10.2 Die gegenwärtigen Lithosphärenplatten der Erde und ihre Bewegungsrichtung.
1 Spreizungsachsen und Grabenbrüche; *2* großräumige Pressungszonen; *3* konvergente Plattengrenzen; *4* die gegenwärtigen Kontinente.

Der Mechanismus der Plattenbewegung

Es ist schwer vorstellbar, daß die riesigen und massiven Kontinentmassen sich überhaupt langsam bewegen können. Doch noch schwieriger ist die Beantwortung der Frage, warum sie sich überhaupt bewegen. Die Erdkruste ist eine abgekühlte und völlig auskristallisierte Masse. Unterlagert wird sie von der partiell aufgeschmolzenen Asthenosphäre. Die Vermutung liegt nahe, daß die Lithosphärenplatten bei der Abkühlung des partiell nachgeschmolzenen Materials der Asthenosphäre entstanden sind, so wie sich etwa im Winter auf Gewässern eine Eisdecke bildet. Der Unterschied besteht jedoch darin, daß das Eis leichter als Wasser ist, während die kristallisierten Silikatmineralien der Lithosphäre spezifisch schwerer sind als ihre Schmelze. Wie entstehen nun die ozeanischen Lithosphärenplatten?

Zwischen den Platten steigt heißes und partiell aufgeschmolzenes Material aus der Asthenosphäre an den Meeresböden empor, kühlt ab, kristallisiert aus und damit Bestandteil der Lithospäre wird (Bild 10.3). Die bereits früher entstandenen Lithosphärenbereiche reißen auseinander. Ein neuer Schub der heißen Schmelze sammelt sich in diesen Rissen an, dehnt sich bei der Abkühlung aus und dehnt die Risse noch weiter. Dieser Vorgang wiederholt sich mehrfach.

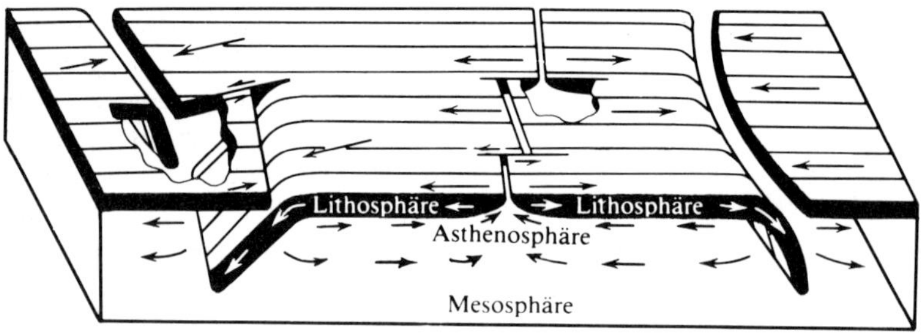

10.3 Grafische Darstellung der Bewegung der starren Lithosphärenplatten (nach B. Isacks u. a.).

Die Gesteine der Lithosphäre sind schwerer als das darunter lagernde heiße und teilweise geschmolzene Material der Asthenosphäre, so daß die Lithosphäre, je dicker sie ist, immer tiefer in den Mantel einsinkt. Wieso aber versinken die Lithosphärenplatten nicht im Erdmantel, da sie doch schwerer sind? Die Antwort ist recht einfach. Sie versinken deshalb nicht, weil die mit schwerem Mantelbereich der Lithosphärenplatten fest verschweißte, relativ leichte Erdkruste gewissermaßen als Schwimmer wirkt. Und so ist die mittlere Dichte der kontinentalen Kruste stets geringer als die des heißen Mantelmaterials.

Die ozeanischen Lithosphärenplatten jedoch sind schwerer als der Mantel, und deshalb sinken sie früher oder später in den Mantel ein und tauchen unter den leichteren kontinentalen Platten ab.

Die ozeanische Lithosphäre hält sich ähnlich einer gigantischen „flachgedrückten Untertasse" über eine recht lange Zeit an der Oberfläche. Gemäß dem Archimedischen Prinzip ist die Masse der verdrängten unterlagerten Asthenosphäre gleich der Masse der Platten selbst und des die darauf befindlichen Senkungsgebiete füllenden Wassers. So kommt es über längere Zeit zur Schwimmfähigkeit. Doch langfristig ist dies nicht stabil. An Stellen, wo übermäßig große Spannungen wirksam werden, zerbrechen die Untertassen. Je stärker die Spannungen sind, desto tiefer tauchen die Platten in den Mantel ein, und auch je länger sie eintauchen, desto größere Tiefen erreichen sie. In den Lithosphärenplatten, die älter als 150 Millionen Jahre sind, entstanden wahrscheinlich Zugspannungen, die die Zugfestigkeit der Lithosphäre um das Mehrfache übertrafen, die Platten zerbrachen und tauchten in den heißen Erdmantel ab.

Globale Rekonstruktionen

Über den remanenten Magnetismus der Gesteine ermittelte man die Lage der Pole und die geographischen Breitenzonen in der geologischen Vergangenheit. Die früheren Breitenbereiche stimmen in der Regel mit den heutigen geographischen Breiten nicht überein, und diese Abweichung nimmt mit steigendem geologischen Alter zu.

Die kombinierte Auswertung geophysikalischer (paläomagnetischer und seismischer), geologischer, paläogeographischer und paläoklimatischer Daten ermöglicht eine Rekonstruktion der Anordnung der Kontinente und Ozeane für die verschiedenen Zeitabschnitte der geologischen Vergangenheit. An diesen Forschungen beteiligen sich viele Spezialisten: Geologen, Paläontologen, Paläoklimatologen, Geophysiker sowie Computerspezialisten, denn nicht die Berechnungen der Vektoren des remanenten Magnetfeldes sind schwierig, sondern deren Interpretation ist ohne EDV-Anlagen nahezu unmöglich. Die Rekonstruktion der paläogeographischen Verhältnisse wurde unabhängig voneinander von sowjetischen, kanadischen und amerikanischen Wissenschaftlern durchgeführt.

Nahezu während des gesamten Paläozoikums waren die südlichen Kontinente in dem Großkontinent Gondwana vereint. Zuverlässige Zeugnisse für ein Bestehen des Südatlantiks und des Indiks liegen für das Paläozoikum nicht vor.

Zu Beginn des Kambriums, vor etwa 550 bis 540 Millionen Jahren, war Gondwana der größte Kontinent. Ihm standen auf der nördlichen Halbkugel einzelne isolierte Kontinente (Nordamerika, Osteuropa und Sibirien) sowie eine kleine Zahl von Mikrokontinenten gegenüber. Zwischen dem Sibirischen und dem Osteuropäischen Kontinent einerseits und Gondwana andererseits lag der Paläoasiatische Ozean, während Nordamerika durch den Paläoatlantik von Gondwana getrennt wurde. Daneben existierte zu jener fernen Zeit ein riesiger ozeanischer Bereich — vergleichbar dem heutigen Stillen Ozean.

Das Ende des Ordoviziums, etwa vor 450 bis 480 Millionen Jahren, war durch eine Annäherung der Kontinente auf der nördlichen Halbkugel gekennzeichnet. Ihre Kollision mit Inselbögen führte zum Anwachsen der Randzonen des Sibirischen und des Nordamerikanischen Festlands. Der Paläoasiatische Ozean und der Paläoatlantik begannen sich zu schließen. Nach einer gewissen Zeit entstand dort ein neuer Ozean, die Paläotethys. Er überdeckte das Gebiet der heutigen südlichen Mongolei, der Tienschan, des Kaukasus, der Türkei und des Balkans. Ein neuer Meeresraum entstand auch in der Gegend des heutigen Uralgebirges.

Die Breite des „Uralozeans“ betrug weit über 1500 km. Der Südpol lag damals im Nordwesten Afrikas.

In der ersten Hälfte des Devons, vor 370 bis 390 Millionen Jahren, begannen die Kontinente zu kollidieren: Nordamerika mit Westeuropa, so daß, allerdings nicht für lange, ein neuer Kontinent — Euroamerika — entstand. Die heutigen Gebirgszüge Skandinaviens und der Appalachen waren das Ergebnis des Zusammenstoßes dieser beiden Kontinente. Die Paläotethys war etwas kleiner geworden. An der Stelle des Ural- und des Paläoasiatischen Ozeans waren kleine Festbecken entstanden.

Der Südpol lag im Raum des heutigen Argentinien.

Ein großer Teil Nordamerikas lag auf der südlichen Halbkugel. In tropischen und äquatorialen Breiten befanden sich der Sibirische, der Chinesische, der Australische Kontinent und der östliche Teil Euroamerikas.

Das Unterkarbon, vor etwa 320 bis 340 Millionen Jahren, war durch eine fortdauernde Annäherung der Kontinente gekennzeichnet (Bild 10.4). An den Kollisionszonen entstanden Faltengebirge und Bergketten — Ural, Tienschan, die Gebirgsmassive der Südmongolei und Westchinas, der Salairrücken und andere. Außerdem entstand ein neuer Ozean, die Paläotethys II (Paläotethys der zweiten Generation). Er trennte den Chinesischen vom Sibirischen und Kasachstanischen Kontinent.

In der Mitte des Karbons lag ein bedeutender Teil Gondwanas im Polargebiet der südlichen Halbkugel, was zu einer der größten Vereisungen im Verlauf der Erdgeschichte führte.

Die Zeit vom Oberkarbon bis zum Beginn des Perms, vor 290 bis 270 Millionen Jahren, war durch das Verschmelzen der Kontinente zu einem gewaltigen Festlandsblock, zum Superkontinent Pangaea, gekennzeichnet (Bild 10.5). Er bestand aus Gondwana im Süden und Laurasia im Norden. Nur der Chinesische Kontinent war durch die Paläotethys II von Pangaea getrennt.

Obwohl die Verteilung der Kontinente in der zweiten Hälfte der Trias, vor 200 bis 220 Millionen Jahren, ungefähr der Lage der Kontinente zu Ende des Paläozoikums entsprach, kam es doch zu Veränderungen in den Umrissen der Kontinente und Ozeane (Bild 10.6). Der Chinesische Kontinent verschmolz mit Eurasien, die Paläotethys II verschwand. Doch fast gleichzeitig entstand ein neuer Ozean — die Tethys —, die sich schnell ausdehnte. Sie trennte Gondwana von Eurasien ab. In diesem Ozean lagen isolierte Mikrokontinente — der Indochinesische, der Iranische, der Rhodopische, der Transkaukasische und andere sind davon erhalten geblieben.

Der neue Ozean entstand, weil Pangaea zu allen heute bekannten Kontinenten zerfiel. Zunächst trennte sich Laurasien, im Raum des heutigen Atlantik und des Nordpolarmeeres ab. Danach rückten die einzelnen Teile Laurasiens auseinander und machten damit für den Nordatlantik Platz.

Im höheren Jura, vor etwa 140 bis 160 Millionen Jahren zerbrach Gondwana (Bild 10.7). An der Trennfuge entstanden das Becken des Atlantischen Ozeans und der mittelatlantische Rücken. Auch die Tethys mit ihrem System von Inselbögen im Norden entwickelte sich weiter. Die Inselbögen befanden sich dort, wo heute der Kleine Kaukasus, der Elbrus und die Gebirge Afghanistans liegen, und trennten dort die Randbecken vom offenen Ozean ab.

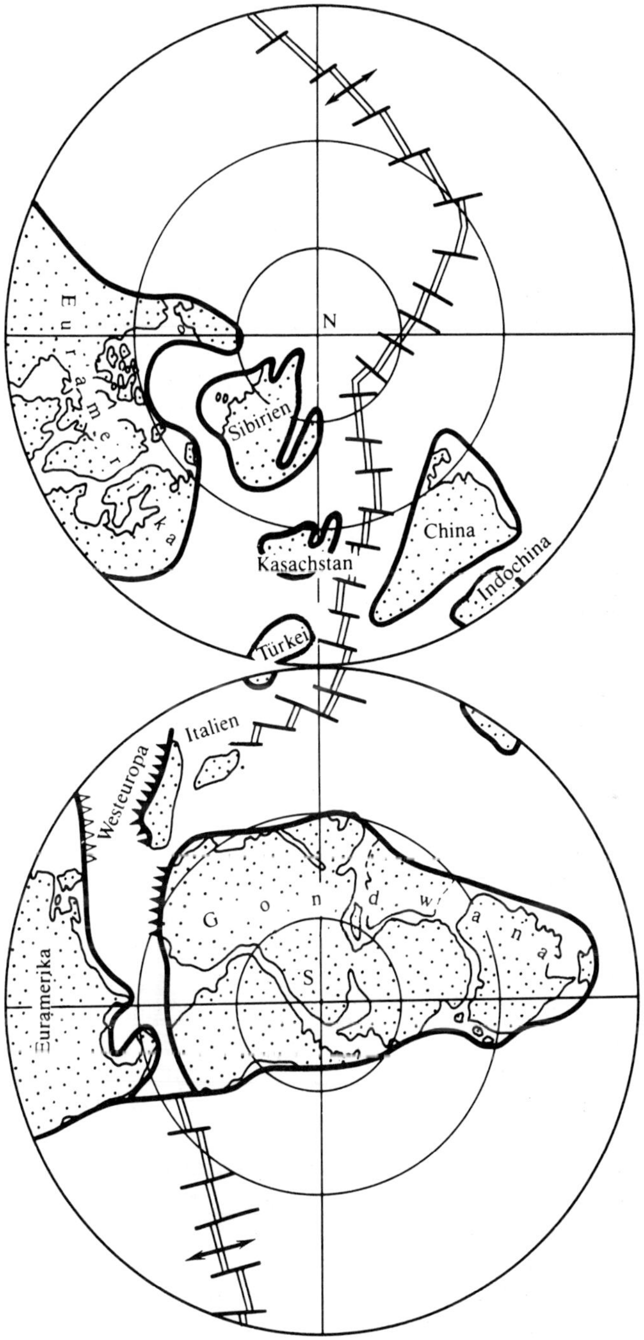

10.4 Lage der Kontinente im Unterkarbon (vor 340 Millionen Jahren).

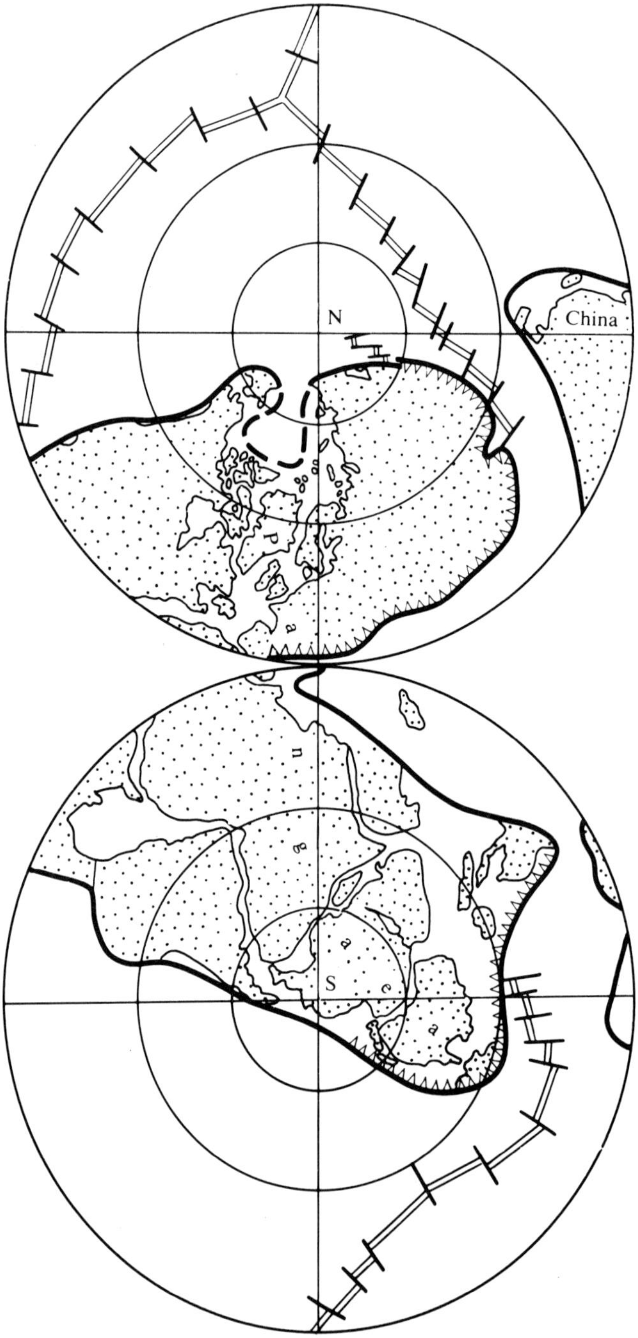

vor 290 bis 270 Mio. Jahren

10.5 Lage der Kontinente im Oberkarbon und zu Beginn des Perm (vor 290 bis 270 Millionen Jahren).

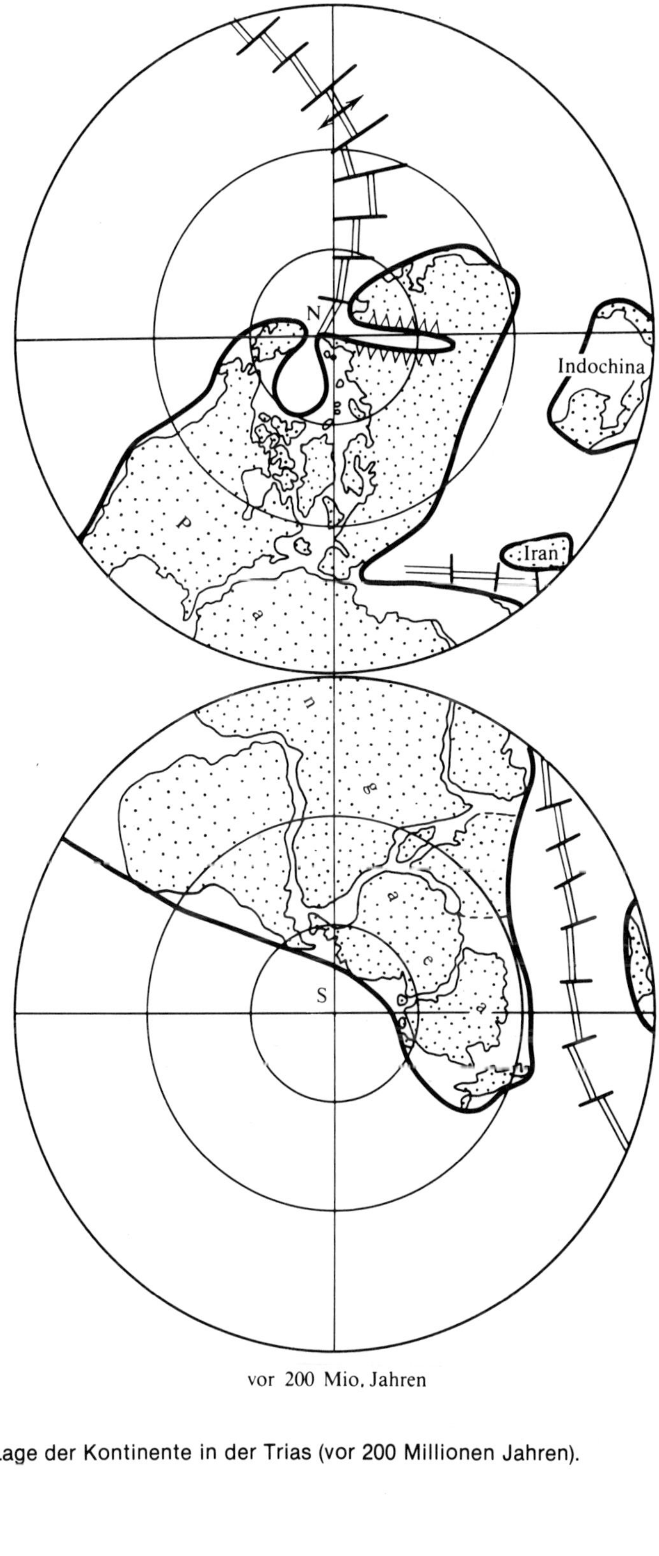

10.6 Lage der Kontinente in der Trias (vor 200 Millionen Jahren).

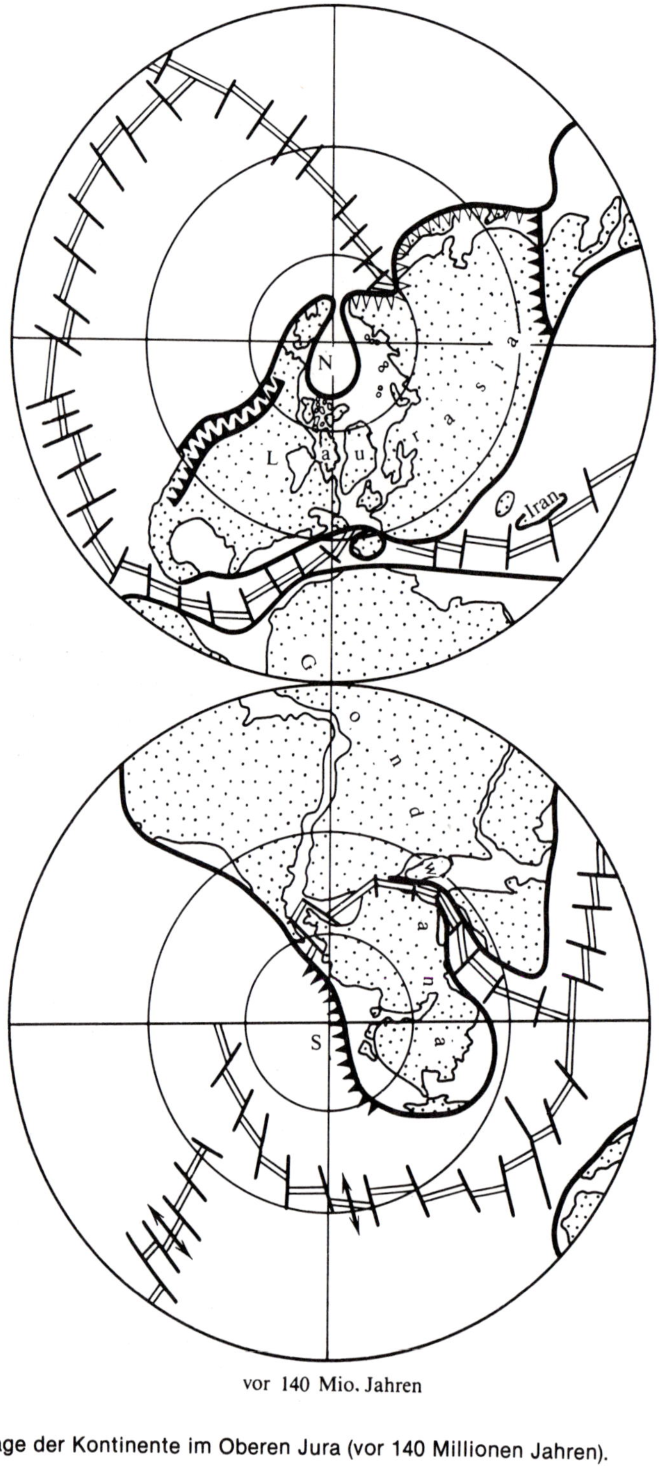

10.7 Lage der Kontinente im Oberen Jura (vor 140 Millionen Jahren).

Im späten Jura und in der Kreide erfolgten die Bewegungen der Kontinente in Richtung der Breitengrade. Es entstanden das Labradorbecken und der Golf von Biskaya; Indien und Madagaskar lösten sich von Afrika los. Zwischen Afrika und Madagaskar entstand eine Meeresstraße. Die lange Drift der Indischen Plattte fand zu Ende des Paläogens durch die Kollision mit Asien ihren Abschluß. Das Ergebnis waren die gigantischen Gebirgsketten des Himalaja.

Die Tethys begann sich nun allmählich zu schließen, hauptsächlich bedingt durch das Zusammenrücken von Afrika und Eurasien. Am Nordrand dieses Ozeans entstand eine Reihe vulkanischer Inselbögen. Ein ähnlicher Vulkangürtel bildete sich auch am Ostrand Asiens. Gegen Ende der Kreide kollidierten Nordamerika und Eurasien im Raum der Tschuktschenhalbinsel und von Alaska.

Im Verlauf des Känozoikums wurde die Tethys völlig geschlossen. Ein Rest dieses Ozeans ist das heutige Mittelmeer. Der Zusammenprall Afrikas mit Europa führte zur Bildung des Gebirgssystems von den Alpen bis zum Kaukasus. Auf der nördlichen Halbkugel näherten sich nun die Kontinente wieder einander, während sie sich auf der südlichen voneinander entfernten und in einzelne isolierte Schollen und Blöcke zerfielen.

Wenn wir die Positionen der Kontinente in den einzelnen geologischen Zeiträumen vergleichen, drängt sich der Gedanke auf, daß es in der Entwicklung der Erde große Zyklen gegeben hat, in denen die Kontinente miteinander kollidierten und dann wieder zerfielen. Jeder dieser Zyklen dauerte mindestens 600 Millionen Jahren. Es gibt Grund zur Annahme, daß die Bildung und der Zerfall Pangaeas keine einmalige Erscheinung in der Geschichte unseres Planeten gewesen ist. Ein ähnlicher Großkontinent war bereits im ferneren Erdaltertum vor ungefähr 1 Milliarde Jahren entstanden.

Geosynklinalen: die Wiege der Faltengebirge

Im Gebirge bewundern wir das sich uns eröffnende farbenprächtige Panorama und sind fasziniert von grenzenlosen schöpferischen und zerstörenden Kräften der Natur. Majestätisch ragen die schneebedeckten Berggipfel empor, riesige Gletscherzungen ergießen sich in die Täler, in tiefen Cañons brodeln ungestüm die Gebirgsflüsse. Wir staunen nicht nur über die wilde Schönheit der Gebirge, sondern auch über jene Fakten, die wir von den Geologen zu hören bekommen; sie behaupten, daß sich in der fernen Vergangenheit an der Stelle der gewaltigen Gebirge grenzenlose Meeresräume ausdehnten.

Als Leonardo da Vinci hoch in den Bergen Schalen von marinen Muscheln gefunden hatte, zog er die richtige Schlußfolgerung, daß dort in der Vorzeit ein Meer gewesen sein mußte; doch kaum jemand hatte ihm damals geglaubt. Wie sollte in die Berge, in Höhen von 2000 bis 3000 m ein Meer hinaufgekommen sein? Mehr als eine Generation von Naturforschern hatte enorme Anstrengungen unternommen, um dieses scheinbar unvorstellbare Ereignis zu beweisen.

Der berühmte Italiener hatte recht. Die Oberfläche unseres Planeten befindet sich ständig in horizontaler und vertikaler Bewegung. Bei Absenkungen kamen in der Erdgeschichte mehrfach gewaltige Transgressionen vor, bei denen über

40 % der Festlandsfläche vom Meer überdeckt waren. Bei Hebungen der Erdkruste nahm die Höhe der Kontinente zu, und das Meer zog sich zurück. In diesem Fall spricht man von einer Regression des Meeres. Auf welche Weise bildeten sich nun aber die erhabenen Bergmassive und die ausgedehnten Gebirgszüge?

Lange Zeit beherrschte die Grundidee von ausschließlich vertikalen Bewegungen das geologische Denken. Daran war die Ansicht geknüpft, daß die Berge allgemein durch Hebungsvorgänge entstanden seien. Die meisten Gebirge unserer Erde sind an bestimmte Zonen von tausenden Kilometern Länge und etlichen zehn oder gar hundert Kilometern Breite gebunden. Charakteristisch für sie sind intensive Faltung, verschiedenartige Formen von Bruchtektonik, Magmenintrusionen und Ganggesteine, die die sedimentären und metamorphen Gesteinsserien durchschlagen. Die langsame, aber stetige Heraushebung, begleitet von Erosionsprozessen, formt das Relief der Gebirge.

Die Appalachen, die Kordilleren, der Ural, der Altai, der Tienschan, der Hindukush, der Pamir, der Himalaja, die Alpen, der Kaukasus — das alles sind Faltengebirge, die in den verschiedenen Perioden der geologischen Vergangenheit in Epochen mit der verstärkten tektonischen und magmatischen Aktivität entstanden sind. Typisch für diese Gebirge ist die außergewöhnliche Mächtigkeit der abgelagerten Sedimentserien, die häufig mehr als 10 km beträgt und damit die Mächtigkeit gleichalter auf stabilen Schilden abgelagerter Gesteine um ein Vielfaches übertrifft.

Die Entdeckung mächtiger gefalteter Sedimentmassen, durchschlagen von Intrusiv- und Ganggesteinen, zudem noch mit gewaltiger Längenausdehnung bei relativ geringer Breite, dies alles führte Mitte des 19. Jahrhunderts zur Aufstellung der Geosynklinaltheorie als geotektonische Hypothese. Langgestreckte Zonen mit mächtigen Sedimentserien, die im Laufe der Zeit zu einem Gebirgssystem aufgefaltet worden sind, erhielten die Bezeichnung Geosynklinale. Stabile Bereiche der Erdkruste mit geringen Sedimentmächtigkeiten werden dagegen als Plattformen bezeichnet.

Fast alle Gebirgssysteme, die neben Faltung auch Bruchtektonik zeigen und von magmatischen Intrusionen durchzogen werden, sind aus ehemaligen Geosynklinalen hervorgegangen, die einst an den Rändern der Kontinente lagen. Trotz der gewaltigen Mächtigkeit ist der überwiegende Teil der Sedimente im Flachwasser abgelagert worden. Auf den Schichtflächen sind oftmals Rippelmarken sowie Reste von benthonisch lebenden Flachwasserorganismen und sogar Trockenrisse überliefert. Die große Mächtigkeit der Sedimente spricht für eine rasche Absenkung des Sedimentationsraumes. Neben diesen typischen Flachwassersedimenten treten auch Tiefseeablagerungen auf, zum Beispiel Radiolarien führende Sedimente, sogenannte Radiolarite, neben feinkörnigen Sedimenten mit charakteristischen Schichtungsformen und Gefügen.

Doch mit der Entwicklung der Plattentektonik müßte die Geosynklinaltheorie in einigen Punkten modifiziert werden, und die Entwicklung der Geosynklinalen war mit den Dehnungsprozessen, der Bewegung und den Kollisionvorgängen der Lithosphärenplatten in Einklang zu bringen.

Auf welche Weise entwickelten sich nun die Faltengebirgssysteme? In den tektonisch aktiven Kontinentalrändern entwickelten sich langgestreckte Zonen, die sich langsam absenkten. Sedimente mit Mächtigkeiten von 6 bis 20 km sammelten sich in den Randtrögen. Gleichzeitig kam es hier zu Magmenintrusionen, zur Bildung von Ganggesteinen, Dykes und Lavadecken. Die Sedimentbildung dauerte zig zehn und mitunter sogar hunderte Millionen Jahre.

Danach erfolgte in der orogenen Phase die allmähliche Deformation und Umgestaltung der Geosynklinale. Sie wurde eingeengt, es entstand hierbei jedoch noch kein Relief. Es kam zu ersten Faltungen und Brüchen und zur Platznahme von Intrusivgesteinen. Im weiteren Prozeß der Deformation kam es zur Verlagerung der Tief- und Flachwassersedimente, die durch Einwirkung von hohen Drücken und Temperaturen in metamorphe Gesteine umgewandelt wurden.

Gleichzeitig erfolgte die Heraushebung des Festlands, das Meer wich vollends zurück, und es entstanden die Gebirgsrücken und die Bergmassive. Die nachfolgenden Vorgänge der Abtragung, des Transports und der Ablagerung der klastischen Gesteine führten schließlich dazu, daß diese Berge allmählich eingeebnet wurden — fast bis auf Höhe des Meeresspiegels. Zum selben Ergebnis führten aber auch die langsame Absenkung ganzer Faltengebirge an den Rändern der Kontinente.

An der Bildung der Geosynklinalen waren nicht nur horizontale, sondern auch vertikale Bewegungen beteiligt, die vorwiegend aus der langsamen Bewegung der Lithosphärenplatten resultieren. Wenn eine Platte unter die andere abtauchte, wurden die mächtigen Sedimente der Geosynklinalen im Bereich der Randbecken, der Inselbögen und der Tiefseegräben in hohem Maße dem Einfluß hoher Temperaturen und Drücke ausgesetzt. An diesen Subduktionszonen tauchen die Gesteine in den Erdmantel ab, werden dort aufgeschmolzen und umgewandelt. Charakteristisch für diese Zone sind extrem starke Erdbeben und Vulkanismus.

Dort, wo der Druck und die Temperatur nicht übermäßig hoch waren, kam es zur Faltung der Gesteine, zu Bruchbildung und Verschiebungen einzelner Gesteinseinheiten.

In den Gebieten, in denen sich kontinentale Lithosphärenplatten einander näherten und kollidierten, kam es zu einer erheblichen Einengung der Geosynklinalen. Teile davon drangen tief in den Erdmantel ein, die anderen schoben sich über die Ränder der angrenzenden Platten. Die aus der Tiefe hinausgequetschten und zu Falten zusammengepreßten Sedimente und Metamorphite überlagerten sich dabei mehrfach in Form gigantischer Gesteinsschuppen, so daß schließlich und endlich ein Gebirgsmassiv entstand. Der Himalaja zum Beispiel entstand durch Kollision der Indischen mit der Eurasischen Platte. Die Gebirgssysteme Südeuropas und Nordafrikas, die Krim, der Kaukasus, die Gebirge der Türkei, Irans und Afghanistans bildeten sich vorwiegend beim Zusammenstoß der Afrikanischen und der Eurasischen Platte. Auf analoge Weise, jedoch noch früher, entstanden der Ural, die Kordilleren, die Appalachen und andere Gebirgszüge.

Die Geschichte des Mittelmeers

In der langdauerden Geschichte der Meeresbecken ist die Entwicklung des Mittelmeers besonders interessant. Um dieses Meer herum entstanden die ersten zivilisierten Staatengebilde, und die Geschichte seiner Küstenbewohner ist gut bekannt. Wir müssen unsere Schilderung bei dem Zeitpunkt beginnen, der viele Millionen Jahre zurückliegt, lange bevor die ersten Menschen dort erschienen.

Damals, vor fast 200 Millionen Jahren, bestand an der Stelle des heutigen Mittelmeers ein breiter und tiefer Ozean, die Tethys, Afrika war von Europa mehrere tausend Kilometer entfernt. Im Ozean lagen verstreut große und kleine Inselarchipele. Man kennt diese Gebiete recht genau, sie liegen heute in Südeuropa, im Nahen und Mittleren Osten — im Iran, in der Türkei, auf der Halbinsel Sinai, im Rhodopengebirge, in Apulien und der Tatra, in Südspanien, Kalabrien, in der Meseta, auf Korsika und Sardinien —, alle diese Gebiete lagen damals viel südlicher.

Im Mesozoikum entwickelte sich zwischen Afrika und Nordamerika eine Bruchzone. Sie trennte das Rhodopenmassiv und die Iranische Masse von Afrika ab. An dieser Naht drang basaltisches Magma auf, es bildete sich ozeanische Lithosphäre, und die Spreizung (Spreading) des Ozeanbodens setzte ein. Die Tethys lag im tropischen Klimagürtel und erstreckte sich vom heutigen Atlantischen Ozean über den Indischen (der damals ein Teil der Tethys war) bis zum Stillen Ozean. Ihre größte Breite erreichte die Tethys vor etwa 100 bis 120 Millionen Jahren, danach begann eine allmähliche Einengung. Die Afrikanische Platte näherte sich der Eurasischen Platte immer mehr. Vor rund 50 bis 60 Millionen Jahren löste sich Indien von Afrika ab und begann seine beispiellose Drift gen Norden, bis es mit Eurasien kollidierte. Die Tethys wurde allmählich kleiner. Was vor 20 Millionen Jahren an der Stelle des ausgedehnten Ozeans übrigblieb, war ein Randmeer, das Mittelmeer, das Schwarze Meer und der Kaspisee, die allerdings zu dieser Zeit größer waren als heute. Nicht minder gewaltige Ereignisse ereigneten sich auch in der Zeit danach.

Anfang der siebziger Jahre unseres Jahrhunderts fand man im Mittelmeer unter den mehreren hundert Meter mächtigen Schichten von Lockersedimenten Evaporitserien — Steinsalz, Gips und Anhydrit. Sie sind durch hohe Wasserverdunstung vor etwa 6 Millionen Jahren entstanden. Sollte das Mittelmeer ausgetrocknet sein? Diese Hypothese wurde aufgestellt und hat unter den Geologen viele Anhänger. Man vermutet, die Straße von Gibraltar habe sich vor 6 Millionen Jahren geschlossen und das Mittelmeer sei nach weiteren tausend Jahren zu einem riesigen Kessel von 2 bis 3 km Tiefe mit kleinen austrocknenden Salzseen geworden. Der Meeresboden war von einer Schicht aus verfestigtem Dolomitschlamm, Gips und Steinsalz überdeckt.

Die Geologen vermuten, daß sich die Straße von Gibraltar periodisch öffnete und so dem Wasser aus dem Atlantik den Weg zum Grunde des ausgetrockneten Mittelmeers freigab. Dabei stürzte ein riesiger Wasserfall herab, dessen Wassermenge zumindest 15- bis 20mal größer war als die des heute größten Wasserfalls des Viktoriafalles am Sambesi in Afrika (200 km^3/Jahr). Mindestens 11mal soll sich die Straße von Gibraltar geöffnet und geschlossen haben, so daß die Mächtigkeit der Evaporite bei etwa 2 km liegt.

In den Perioden, als das Mittelmeer trocken lag, wurden in die Steilhänge dieses Beckens von den herabrinnenden Flüssen lange und tiefe Cañons eingeschnitten. Einen von ihnen kann man über 250 km vom heutigen Rhonedelta aus bis an den Kontinentalabfall verfolgen. Er ist mit sehr jungen pliozänen Sedimenten gefüllt. Ein weiteres Beispiel eines solchen mit jungen Sedimenten verfüllten Cañons liegt vor dem heutigen Nildelta und kann dort über eine Entfernung von 1200 km verfolgt werden.

Als das Mittelmeer keine Verbindung mehr zum Ozean hatte, entstand an seiner Stelle ein Süßwassersee, dessen Überreste heute das Schwarze Meer und der Kaspisee sind. Dieses Süß- und von Zeit zu Zeit auch Salzwasser führende Becken erstreckte sich von Mitteleuropa bis zum Ural und zum Aralsee und erhielt den Namen Paratethys.

Wenn man die Lage der Pole und die heutigen Geschwindigkeiten der Plattenbewegung, die Spreading- und Subduktionsraten des Ozeanbodens kennt, kann man die möglichen Bewegungen der Kontinente in der Zukunft abschätzen und deren Lage für einen bestimmten Zeitabschnitt voraussagen.

Eine solche Prognose haben die amerikanischen Wissenschaftler R. S. Dietz und J. C. Holden aufgestellt. In 50 Millionen Jahren werden sich der Atlantische und der Indische Ozean, so meinen sie, auf Kosten des Pazifiks ausweiten, Afrika wird sich nach Norden verschieben und damit das Mittelmeer allmählich verdrängen. Die Straße von Gibraltar wird verschwinden, und das nach Norden rotierende Spanien wird den Golf von Biskaya schließen. Afrika wird durch große Großgräbensysteme gespalten, sein östlicher Teil wird sich nach Nordosten verlagern. Das Rote Meer wird sich derart ausweiten, daß sich die Halbinsel Sinai von Afrika loslöst, die Arabische Halbinsel wird sich nach Nordost verlagern und den Persischen Golf verdrängen. Indien wird immer stärker gegen Asien drücken, folglich wird der Himalaja weiter aufsteigen. Kalifornien wird sich an der San-Andreas-Störung von Nordamerika trennen, und an dieser Stelle wird ein neues Ozeanbecken entstehen. Auf der südlichen Halbkugel werden sich ebenfalls wesentliche Veränderungen ereignen. Australien wird den Äquator nach Norden überqueren und mit Eurasien in Berührung kommen. Diese Prognose bedarf noch einer gründlichen Überarbeitung. Vieles ist an ihr bis jetzt fraglich und unklar.

11. Die natürlichen Ressourcen der Erde und Umweltschutz

Unser blauer Planet ist eine Oase des Lebens in der kosmischen Wüste des Sonnensystems. Und diese Oase wird heute vom Menschen beherrscht. Er ist heutzutage von den widrigen Auswirkungen der Naturkräfte weniger abhängig. Man muß jedoch eingestehen, daß das Wohlergehen der menschlichen Gesellschaft dennoch vom Zustand der Umwelt und vom Reichtum an Bodenschätzen bestimmt wird.

Die Geowissenschaften spielen bei der Erkundung der natürlichen Ressourcen eine bedeutende Rolle, besonders wenn es darum geht, Zeitpunkt und Ort ihrer Entstehung und die Gesetzmäßigkeiten ihrer Verteilung zu ermitteln. Die Geologen befassen sich nicht nur mit der Suche und Erkundung von Bodenschätzen und den Fragen ihrer Gewinnung, sondern sie sind auch bemüht, die ungünstigen Einflüsse auf die Umwelt bei der Förderung der mineralischen Rohstoffe zu vermeiden.

Zusammen mit Biologen und Ökologen erarbeiten die Geologen wirksame Maßnahmen, um eine Beeinträchtigung der Atmosphäre, der Wälder, Felder, Grund- und Oberflächengewässer bei Rohstofförderung in Gruben und Tagebauen zu verhindern.

Gleiche Probleme entstehen auch bei der Standortwahl für Bergbau- und Aufbereitungsbetriebe sowie für Kraftwerke, bei der Errichtung von Großobjekten und schließlich bei der Müllentsorgung.

Die natürlichen Ressourcen werden, genauso wie die Bodenschätze (nutzbare Mineralien und Gesteine), traditionell in die Energie- und Rohstoffressourcen unterteilt.

Energieträger

Zu den Energieträgern gehören die fossilen Brennstoffe und einige weitere Energieformen (Sonnen-, Gezeitenenergie u. a.). Das sind in erster Linie Stoffe, in denen die Energie der Sonne konzentriert und über lange Zeit erhalten geblieben ist — Anreicherung der organischen Rückstände der ausgestorbenen Vertreter des Tier- und Pflanzenreichs; zweitens Mineralien und Gesteine, in denen diverse radioaktive Elemente angereichert sind (Uranerze u. a.); drittens Wasserkraft, Sonnenenergie und schließlich geothermische Energie, d. h. Wärme aus dem tieferen Untergrund.

Ein kompliziertes Gemisch flüssiger Kohlenwasserstoffe kommt im natürlichen Zustand als Erdöl vor. Über die Entstehung des Erdöls gibt es zwei Ansichten. Die einen halten das Erdöl für ein anorganisches, die anderen hingegen für ein organisches Produkt. Die Beweise für eine organische Herkunft sind recht überzeugend. Man ist sich darüber einig, daß Erdöl aus pflanzlichem und tierischem Material entsteht, 99 % der Vorräte lagern ausschließlich in Sedimentmassiven*.

Die Umwandlung des organischen Ausgangsmaterials zu Erdöl ist bis heute ungeklärt. Man nimmt an, daß gewisse Bakterien, bestimmte Druck- und Temperaturbedingungen, zusätzlicher Nachschub von Kohlenwasserstoffen aus dem Erdinneren sowie die Zeitdauer die Bildung von Erdöl begünstigen.

Die Rolle der Bakterien bei der Erdölbildung besteht darin, daß einige von ihnen der organischen Substanz Sauerstoff, Wasserstoff, Phosphor und Schwefel entziehen und damit den Gehalt an Kohlenwasserstoffen relativ erhöhen. Andere Bakterien produzieren Methan, allerdings ist nicht bekannt, ob es in Erdöl umgewandelt werden kann, und wenn ja, dann auf welche Weise.

Die Erdöl führenden Gesteine unterteilt man in Muttergesteine und in Speichergesteine. Zu den Erdölmuttergesteinen gehören die mächtigen Schichten aus dunklen Tonen oder tonigen Kalksteinen, die feinverteiltes organisches Material enthalten. In den Speichergesteinen, d.h. in porösen Gesteinen, sammelt sich das Erdöl. Speichergesteine sind in der Regel Sandsteine oder poröse Kalksteine und Dolomite einschließlich Riffe. In ehemaligen Riffen befinden sich oft riesige Erdölvorräte.

Große Erdölvorkommen liegen im Nahen und Mittleren Osten. Zu den bedeutendsten Fördergebieten zählen die Länder der Arabischen Halbinsel sowie der Irak, Syrien, die Länder des Karibischen Raumes, die USA, Kanada, Mexiko, einige Länder Südamerikas und Indonesien. In der Sowjetunion befinden sich die Erdöllagerstätten in Westsibirien, zwischen dem Ural und der Wolga und im Kaukasus. Erdöl wird am Grunde des Kaspisees, auf dem Nordseeschelf und in einigen weiteren Gebieten gefördert.

Gasförmige Kohlenwasserstoffe (Erdgas) treten zusammen mit dem Erdöl auf, sie füllen in den Speichergesteinen Porenräume über den Erdölvorkommen auf oder treten in getrennten Lagerstätten auf. Das Erdgas besteht vorwiegend aus dem leicht brennbaren Methan. In Verbindung mit Erdöllagerstätten können daneben Äthan, Propan, Butan und Benzindämpfe auftreten. Erdgas ist nicht nur ein hochwertiger Brennstoff, sondern auch ein wertvoller Rohstoff für die chemische Industrie. Es läßt sich bequem in Rohrleitungen über große Entfernungen transportieren.

Eine besondere Art von Energiequellen sind die Braun- und Steinkohlen, die lange vor der Entdeckung der Brenneigenschaften des Erdöls und des Erdgases den Menschen als guter Brennstoff bekannt waren. Riesige Mengen von Kohle sind aus der Erde gefördert und wirtschaftlich genutzt worden. Dennoch sind die Vorräte der Steinkohle so immens, daß sie bei jetzigen Verbrauchswerten noch für viele Jahre reichen werden.

In den Stein- und Braunkohlen bleiben die Strukturen des pflanzlichen Ausgangsmaterials zum Teil erhalten. Mitunter findet man in den Kohleflözen gut erhaltene inkohlte Abdrücke von Blättern und Trieben sowie versteinerte Überreste von ganzen Baumkronen — von Zweigen und Baumstämmen erst gar nicht zu reden.

---

* Aufgrund seiner hohen Beweglichkeit wandert es aus seinem Muttergestein aus und sammelt sich oftmals im metamorphen und sogar in geklüfteten Eruptivgesteinen.

Die fossilen Kohlen bestehen aus Zersetzungs- und Umwandlungsprodukten pflanzlicher Überreste, die beim Absterben der Bäume und Sträucher entstanden sind. Die Umwandlung des begrabenen Pflanzenmaterials zu Torf und danach zu Kohle vollzieht sich unter Mitwirkung von Mikroorganismen, durch die Auflast der überlagernden Schichten und bei relativ hohen Temperaturen. Damit sich kohliges Material anreichern kann, sind neben einer ausreichenden Menge an pflanzlichem Material auch bestimmte Klimaverhältnisse erforderlich.

Die ältesten Kohlevorkommen der UdSSR stammen aus dem Unterdevon und bilden die Lagerstätten von Barsas (Nordwestzipfel des Kusbass) und auf den Medweshiinseln in der Barentssee. Von industrieller Bedeutung sind in der Regel die Kohlenlagerstätten des Karbons, des Juras und der Kreide.

Zu den Energieträgern gehören auch die Ölschiefer und die bituminösen Sandsteine. Die letztgenannten enthalten zähflüssigen Asphalt, der bei unvollständiger Extraktion von Erdöl oder bei der Abwanderung der leichtflüchtigen Erdölfraktionen zurückbleibt. Als Ölschiefer bezeichnet man bituminöse tonige oder kalkige Gesteine, die durch ein Streichholz entzündet werden können. Sie brennen mit rußender Flamme und riechen nach Bitumen. Ihre Entstehung verdanken die Ölschiefer einer langdauernden Umwandlung der Algen und des Planktons in seichten Süß- und Salzwasserbecken. Das abgestorbene Material wurde auf dem Grund der Wasserbecken ohne Luftzutritt zersetzt, das auf diese Weise entstandene Sapropel (Faulschlamm) wurde zusammen mit den mineralischen Komponenten unter dem Druck der überlagernden Schichten verdichtet.

Die Ölschiefer werden in großem Umfang direkt verbrannt, häufig werden daraus auch durch thermische Verfahren Gas und flüssige Brennstoffe, jedoch auch Schmierstoffe und Brennmaterial gewonen. Riesige Vorräte an Ölschiefern sind in Westsibirien, in Brasilien, den USA und Südafrika entdeckt worden. In der UdSSR werden Ölschiefer in Estland abgebaut.

Mineralische Rohstoffe

Im Verlauf vieler Jahrhunderte, wohl schon seit der grauen Vorzeit, als der Mensch zum erstenmal einen Stein in die Hand genommen und ihn als Werkzeug benutzt hat, erforschen die Menschen die Eigenschaften der Bodenschätze. Von Anfang an achteten die Erzsucher und Bergleute, wenn sie zufällig auf Anreicherungen wertvoller Mineralien und Bodenschätze wie Kupfer, Zinn oder Eisen gestoßen waren, auf die charakteristischen Lagerungsverhältnisse dieser Erzkörper, um daraus Schlüssse für das Aufsuchen neuer Vorkommen an anderen Stellen zu ziehen.

Im Verlauf der vielen Jahre sammelten und erweiterten die Erzsucher ihre Erkenntnisse, bis dann im 19. Jahrhundert fortschrittlich denkende Geologen die Grundprinzipien für die Suche nach Bodenschätzen zusammenstellten und veröffentlichten. Die Abschätzung und Erkundung des Lagerstättenpotentials ist heute eine eigenständige Forschungsrichtung innerhalb der Geowissenschaften. Sie untersucht die Bildungsbedingungen der Bodenschätze sowie den geologischen Werdegang ihrer Umgebung und arbeitet auf dieser Grundlage die charakteristischen

Merkmale heraus, mit deren Hilfe potentielle Lagerstätten wertvoller Bodenschätze vorhergesagt und später auch gefunden werden können.

Eine große Gruppe der Bodenschätze bildet sich unter dem Einfluß exogener Prozesse.

Andere Bodenschätze entstehen im Erdinneren durch endogene Vorgänge — durch magmatische Prozesse, aktive Vulkantätigkeit und Metamorphose, d. h. Veränderung des Gesteinsmaterials unter Einwirkung hoher Drücke und Temperaturen.

Welche Vorgänge gehören nun zu den exogenen Prozessen und wie laufen sie ab? Diese Prozesse sind das Ergebnis eines komplizierten Zusammenspiels von Atmosphäre, Hydrosphäre, Biosphäre und dem oberen Teil der Lithosphäre. Temperaturwechsel, fließendes Wasser, in dem verschiedene Verbindungen (darunter auch organische Säuren) gelöst sind, und Mikroorganismen beteiligen sich an der allmählichen Zerstörung der Gesteine auf der Erdoberfläche. Im Zuge der Verwitterung entstehen aus harten dichten Gesteinen zunächst lockere Schuttmassen und daraus allmählich tonähnliches Material. Von den Geologen werden sie als Verwitterungsrinde bezeichnet. Doch die Gesteine werden nicht nur zerstört, aus ihnen werden auch die leichtlöslichen Verbindungen ausgewaschen. Dadurch kommt es im Laufe der Zeit zu einer Anreicherung der wertvollen Komponenten in der Verwitterungsdecke. Aluminium- und Eisenhydroxiden, Phosphor-, Mangan-, Nickel-, Kobalt- und Titanoxiden erreichten wirtschaftlich nutzbare Konzentrationen.

Mit der Zeit unterliegt die Verwitterungsrinde der Zerstörung. Ein Teil der Lockermassen wird mit dem Wind davongetragen, den anderen Teil schwemmt das Niederschlagswasser weg. Bei diesem Transport werden im Lockermaterial häufig wertvollere Bestandteile angereichert und zusätzlich aufgearbeitet. Die vom Wind oder vom Wasser mitgerissenen feinen Partikel (entweder in Lösung oder als Schwebfracht) werden schließlich in Senken oder im Meer abgelagert. So bilden sich die sedimentären Lagerstätten nutzbarer Mineralien. Dazu gehören die Kali- und Steinsalze, Gips, Phosphorite, Edelmetall- und Edelsteinseifen, Kalksteine und Dolomite, Mangan- und Eisenerze usw.

Die rasche Einbettung von pflanzlicher Substanz ohne Sauerstoffzutritt in Seen und Sümpfen oder in Küstenniederungen mit dichten Wäldern von der Art der heutigen Mangrovengebüsche führt zur Bildung ausgedehnter und mächtiger Braun- und Steinkohlenvorkommen.

Das Klima ist ein wichtiger geographischer Faktor. Es ist unmittelbar verantwortlich für die Entstehung der Landschaften und verändert das Antlitz der Erde. Viele Bodenschätze bilden sich nur unter bestimmten klimatischen Verhältnissen. Beispiele hierfür sind die metallhaltigen Verwitterungsdecken, die Aluminiumerze (Bauxite), die Eisen- und Manganerze, die Phosphorite, Stein- und Kalisalz, Gips und Anhydrit, Edelmetallseifen, Seifen der Spurenmetalle, Edelsteinseifen, Stein- und Braunkohlen u. a. Jeder aufgezählten Lagerstättentypen bildet sich unter ganz bestimmten Klimabedingungen in ganz bestimmten Landschaften. Die einen von ihnen reichern sich in den Küstenzonen der warmen Meere an, die anderen in flachen Meeresbecken mit erhöhtem Salzgehalt, die dritten in flachen Küstenebenen, die vierten schließlich auf weiten Hochflächen.

Kennt man die Klimaverhältnisse, unter denen dieses oder jenes Erzmineral gebildet wird, und überdies auch die paläoklimatischen Charakteristika des Gebietes, so können wir die Entstehung bestimmter Erztypen mit hinreichender Genauigkeit vorhersagen. Die Rekonstruktion des früheren Klimas ist folglich die wichtigste Grundlage für die Exploration von Lagerstätten. Immer mehr Lagerstätten werden heute dank eingehender paläoklimatischer und paläogeomorphologischer Untersuchungen entdeckt. Diese Untersuchungen werden sowohl in globalen Rahmen als auch kleinräumig durchgeführt.

Besonders rasch bilden sich Verwitterungsrinden in heißem feuchtem Klima. Die metallführenden Verwitterungskrusten sind dabei an relativ hochgelegene Plateaus und Ebenen mit Regenwäldern gebunden. Verwitterungskrusten in Küstenniederungen und sehr feuchten Gebieten liefern wertvolle Rohstoffe für die keramische Industrie.

Die Verwitterungsprodukte werden im Laufe der Zeit von den Oberflächenwassern und Wind davongetragen und sammeln sich in morphologischen Senken. Während des Materialtransports kommt es zur Anreicherung wertvoller Erzmineralien. So entstehen sekundäre Lagerstätten der metallhaltigen Verwitterungskrusten.

In Gegenden mit relativ kaltem Klima reicht die Gesteinsverwitterung nur bis zum Stadium der mechanischen Zerstörung. Die Gesteinsbruchstücke unterschiedlicher Größe werden von Flüssen abtransportiert. Während des Transports im Schwebezustand sowie durch Bodentransport schleifen sich die Gesteinstrümmer noch mehr ab, so daß die darin enthaltenen Erzmineralien als schwere Komponente zu Boden sinken, so entstehen die Flußseifen mit Gold, Platin, Zinn, Diamanten, Zirkon, Ilmenit u. a. Ähnliche Seifen bilden sich auch an den Ufern großer Binnengewässer und im Küstenbereich. Die wichtigste Rolle bei der Anreicherung solcher Erzmineralien spielen hierbei die Gezeiten und Meeresströmungen.

Marine Flachwasserbecken in Gebieten mit heißem und trockenem Klima, wo die Verdunstung den Wassernachschub erheblich übertrifft, werden immer seichter, und die Salzkonzentration steigt. In Flachwasserbuchten und weitgehend vom Meer abgetrennten Lagunen vom Typ Kara-Bogas-Gol sowie in Meeren mit eingeschränkter Verbindung zum offenen Ozean etwa wie in dem heutigen Roten Meer kommen magnesiumhaltige Karbonate (Dolomite), Sulfate (Gips und Anhydrit) und Chloride (Kalium-, Natrium- und Magnesiumchloride) zur Ablagerung.

Am günstigsten für die Phosphoritbildung sind Meere in heißen Trockengebieten. In der Nähe der Küstenlinie, in Räumen mit starken Grundwasserströmungen und besonders in Zonen, wo kaltes ozeanisches Tiefenwasser aufsteigt, bilden sich hochwertige Phosphorite. In den Meeren des tropischen wechselfeuchten Klimas ist die Qualität der Phosphorite deutlich niedriger, und bei feuchtem Klima bilden sich überhaupt keine industriell verwertbaren Phosphorite. Eisenerzlagerstätten sind an Küstenzonen von Meeren mit relativ hohen Temperaturen gebunden, sie fehlen in Meeren des gemäßigten und des gemäßigt kalten Klimas.

Weit vielfältiger ist die Bildung und weit komplizierter ist die Anreicherung von Bodenschätzen in endogenen Lagerstätten. Sie werden in zwei große Gruppen unterteilt: in magmatogene und in metamorphogene. In der langen geologischen Geschichte der Erde stiegen mehrfach Gesteinsschmelzen aus der Tiefe empor und erstarrten an der Oberfläche. Neben reinen Magmenintrusionen oder Lavenergüssen kam es zu sogenannten hydrothermalen und metasomatischen Prozessen. Die hydrothermalen Vorgänge werden durch die heißen wässerigen Lösungen magmatischer Herkunft bewirkt, die anderen resultieren aus der Wechselwirkung von Sedimenten oder Magmatiten mit heißen Lösungen. Dadurch kommt es zu erheblichen Veränderungen der primären Gesteinszusammensetzung.

An saure Intrusionen (Granite, Granodiorite u. a.), die viel Kieselsäure enthalten, ist die Bildung von Eisen-, Kupfer-, Gold-, Wolfram-, Molybdän-, Niob-, Thorium- und Berylliumerzen gebunden. Für saure Ganggesteine, sogenannte Pegmatite, sind hohe Konzentrationen der seltenen Elemente — Lithium, Cäsium, Beryllium, Niob, Tantal, Zirconium, Thorium, Uran u. a. — typisch.

In alkalischen Intrusivgesteinen (Syeniten u. a.) sind Niob, seltene Erden, Barium und Zirconium angereichert. Intrusive und effusive basische und ultrabasische Gesteine (Dunite, Basalte, Peridotite, Pyroxenite, Diabase) zeigen erhöhte Gehalte an Chrom, Nickel, Kobalt, Platin und Diamanten.

Als Ergebnis der Metamorphose, d. h. der Einwirkung hoher Temperaturen und Drücke, und der dabei ablaufenden chemischen Austauschreaktionen bilden sich die metamorphogenen Lagerstätten. In Gneisen, kristallinen Schiefern, Quarziten, Hornfels reichern sich Graphit, Korund, Talkum, Serpentin und Chlorite. An metamorphe Prozesse ist die Entstehung einiger Eisen-, Wolfram-, Molybdän-, Gold-, Kobalt-, Zinn- und anderen Lagerstätten gebunden.

Wir haben nur einige Typen von Lagerstätten nach dem dominierenden Bildungsprozeß, das heißt nach den genetischen Merkmalen, betrachtet. Zugleich weist ein jeder von ihnen spezifische Eigenheiten auf, die die Verteilung und das Auftreten der Lagerstätten in der Erdkruste bedingen.

Die Lagerstätten der nutzbaren Mineralien werden in zwei große Gruppen unterteilt: Lagerstätten der Metalle und der Nichtmetalle.

Aus den Erzen der Metallagerstätten gewinnt man die verschiedenen Metalle. Wirtschaftlich nutzt man nicht nur die einzelnen Metalle, sondern auch ihre Legierungen und Verbindungen. Eisenverbindungen zum Beispiel dienen für die Herstellung von Mineralfarben und Zement, Manganverbindungen nutzt man vertärkt in der medizinischen Industrie und in der Landwirtschaft.

Die Erzlagerstätten unterteilt man in Lagerstätten der Eisen- und Stahlveredlungsmetallen (Eisen, Mangan, Chrom, Titan, Vanadium, Nickel, Kobalt, Molybdän, Wolfram), der Nicht-Eisenmetalle (Aluminium, Kupfer, Zink, Blei, Zinn, Wismut, Arsen, Antimon, Quecksilber) und der Edelmetalle (Gold, Silber, Platin), der seltenen Elemente und der radioaktiven Elemente. Die verschiedenen genetischen Typen dieser Lagerstätten und deren Bildungsbedingungen sind recht vielfältig und kompliziert und werden ständig von Spezialisten erforscht.

Zu den Lagerstätten der Nichtmetalle gehören die Rohstoffe der chemischen Industrie (Phosphor, Schwefel, Bor, Stein- und Kalisalz sowie Strontium), aber auch die Lagerstätten der Steine und Erden. Die zuletzt genannten Lagerstätten führen Diamanten, Graphit, Glimmer, Asbest, Talk, Flußspat, Schwerspat, Korund und piezoelektrische Mineralien. Große wirtschaftliche Bedeutung besitzen Lagerstätten keramischer Rohstoffe und der Baumaterialien: Tone, diverse Kaoline, Feldspäte, Gips, Anhydrit, Kieselgur, Tripelerden, feinkörniges Glaukonit, Sandsteine, Sand, Kies, Edel-, Schmuck- und Verblendsteine.

Die meisten Lagerstätten sind der unmittelbaren Beobachtung und Beschreibung nicht zugänglich. Deshalb sind die Geologen gezwungen, bei der Lagerstättensuche komplizierte Aufgaben zu lösen.

Will man den ungefähren Standort einer vermuteten Anreicherung von Bodenschätzen oder nutzbaren Mineralien abstecken, muß enorme Arbeit geleistet werden. Dazu ist es notwendig, den geologischen und strukturellen Bau des Gebietes zu ermitteln, die stoffliche Zusammensetzung der Gesteine zu untersuchen und daraus den geologischen Werdegang des jeweiligen Raums rekonstruieren. Alle diese Daten werden bei Geländearbeiten gesammelt und danach im Labor bearbeitet und ausgewertet. Nachdem man konkrete Hinweise auf eine Lagerstätte gewonnen hat, zum Beispiel durch Funde von Gesteins- oder Mineralproben, erforscht man das Territorium durch geophysikalische Verfahren und schließlich durch Bohrungen. So lassen sich die Umrisse des Vorkommens ermitteln. Danach schätzen die Geologen die Bauwürdigkeit der Lagerstätte ab, und erst danach erfolgen die Erschließung und der Abbau der neuen Lagerstätte durch Bergleute.

Schutz des Erdinneren und der Umwelt

Jährlich werden aus dem Erdinneren über 100 Milliarden Tonnen der verschiedenen Erze, fossilen Brennstoffe, Baumaterialien und anderer mineralischer Rohstoffe gefördert. Dabei gewinnt man auch gewissermaßen als Nebenprodukt Abraummaterial, das an der Abbaustelle verbleibt. Laut Prognosen vieler Experten wird die Förderung der verschiedenen Rohstoffe zu Beginn des 21. Jahrhunderts 500 bis 600 Milliarden Tonnen pro Jahr erreichen, und an Trinkwasser wird man mehr als 30 000 km^3 benötigen.

Die industrielle Tätigkeit des Menschen hat inzwischen globale Ausmaße angenommen und ist mit vielen geologischen Vorgängen vergleichbar, die an der Veränderung der Erdoberfläche aktiv beteiligt sind. Das traditionelle Konsumdenken in bezug auf die Natur hat zur Erschöpfung der Schatzkammern unseres Planeten geführt. Immer häufiger schädigen industrielle Fertigungsverfahren die Umwelt. Die Menschheit steht jetzt vor der dringlichen Aufgabe, die Natur vor Verunreinigung zu bewahren. An der Lösung dieser Aufgabe beteiligen sich zahlreiche Gruppen von Wissenschaftlern, darunter auch Geologen. Das ist verständlich, denn die Erkundung, die Förderung und die Verarbeitung mineralischer Rohstoffe sind vom Umweltschutz nicht zu trennen.

Die Beeinträchtigung der Umwelt bei der Erkundung und Ausbeutung von Lagerstätten haben den Schutz des Erdinneren und die sinnvolle Nutzung der natürlichen Reichtümer zu einem aktuellen Problem gemacht. Vor kurzem noch, als aus geringen Tiefen gefördert wurde und der Bergbau über nur bescheidene technische Mittel verfügte, waren die Einwirkungen auf die Erdkruste nicht so gravierend wie heute. Inzwischen ist die Beeinträchtigung des Erdinneren enorm angewachsen. Jährlich werden Hunderttausende Bohrlöcher unterschiedlicher Tiefe mit einer Gesamtlänge von zehntausenden Kilometern niedergebracht. Besonders hoch ist die Zahl der Bohrlöcher in den Untersuchungsgebieten, wo auf jeden Quadratkilometer 20 bis 25 Bohrungen entfallen. Im Rahmen ingenieurgeologischer Untersuchungen werden in Siedlungsgebieten zahlreiche Flachbohrungen abgeteuft, in Moskau zum Beispiel sind es jährlich mehr als 200 000 Bohrmeter.

Auch wenn das Niederbringen eines Bohrlochs mit einem Nadelstich vergleichen werden kann, schädigt sie bis zu einem gewissen Grad die Umwelt. Das Bohrloch durchfährt zahlreiche Grundwasserhorizonte, von denen in einigen das Wasser stark mineralisiert sein und außerdem unter hohem Druck stehen kann. Die Verrohrung der Bohrlöcher verhindert ein Vermischen des Wassers aus verschiedenen Grundwasserstockwerken, schließt jedoch einen plötzlichen Wasserausfluß an die Oberfläche nicht aus. Mitunter kommt es dabei zu Erdölausbrüchen und zur Verschmutzung des Bohrgeländes, in anderen Fällen gelangt verunreinigtes Oberflächenwasser in die sauberen Grundwasserhorizonte. Es sind mehrere Fälle bekannt, in denen eindringendes Salzwasser oder Erdöl das Trinkwasser in großen artesischen Becken unbrauchbar gemacht hat.

Enormen Einfluß auf das Erdinnere haben Erkundungsarbeiten. Bei der Anlegung von Erkundungsschächten und Schürfgräben werden in der Welt jährlich über 17 Millionen Kubikmeter Boden bewegt. Früher hielt sich die Förderung und Erkundung in bescheidenem Rahmen, entsprechend bescheiden waren auch die Aufschlußarbeiten, heute jedoch erfassen sie große Räume und beeinflussen in hohem Maße die Landschaft.

Der Tiefbau ist mit eigenen Problemen behaftet, die mitunter erst viele Jahre nach Stillegung der Grube akut werden können. Erstens wird die einst malerische Landschaft durch Abraumhalden verunstaltet. Zweitens senkt sich nach Einstellung des Abbaus recht häufig der Boden über den verlassenen Gruben, was für die Bewohner gefährlich werden kann.

Die negativen Auswirkungen des Tiefbaus äußern sich auch in der Verunreinigung der Luft durch Grubengase und die Verbrennungsrückstände von Kohle, Ölschiefern und Torf.

Nicht weniger gefährlich ist auch die Tatsache, daß aufgelassene Abbaureviere die Zirkulation des Grundwassers beeinträchtigen und die chemische Belastung der Umwelt erhöhen. Der zerkleinerte und zu Halden aufgeschüttete Abraum kommt mit atmosphärischem und mit Grundwasser in Berührung und wird von ihm zum Teil gelöst. Die Konzentration der verschiedenen Elemente nimmt im Wasser manchmal derart zu, daß es chemisch aggressiv wird.

Bei einer Gewinnung in Tagebauen werden große Ackerflächen der landwirtschaftlichen Nutzung entzogen. Untersuchungen haben erbracht, daß jeder Hektar eines Tagebaus einen weiteren Hektar landwirtschaftlicher Nutzfläche erheblich in Mitleidenschaft zieht. Um die schädliche Auswirkung der Tagebaue zu verringern, auffüllt man sie oder läßt an ihrer Stelle künstliche Seen entstehen. Nach der Rekultivierung der Böden werden die aufgelassenen Abbaue teilweise als Erholungsgebiete genutzt.

Was sich mit kleinen Tagebauen machen läßt, ist allerdings bei großen Tagebaurevieren schwer oder mitunter auch nicht zu bewerkstelligen. Die Förderung von Eisenerzen im Sokolow-Sarbai-Tagebau (Nordkasachstan) erfolgt zum Beispiel von einer 400 bis 450 m tief gelegenen Sohle, der Durchmesser des Abbaues beträgt 2 bis 3 km.

In Großrevieren werden riesige Abraummassen tauben Deckgesteins bewegt, die die Lagerstätten überdecken. Bei der Erschließung der beiden Eisenerzkörper in zwei Tagebauen der Kursker Magnetanomalie — Michailowski und Lebedinski — wurden 170 Millionen Kubikmeter Deckschichten abgeschoben und versetzt.

Eine weitere ungünstige Beeinflussung der Umwelt äußert sich außerdem in einer Beeinträchtigung der Zusammensetzung, der Qualität und des Einsickerns der Niederschläge, und das künstliche Abpumpen von Grundwasser zur Trockenlegung führt zur Absenkung des Grundwasserspiegels im Umkreis von zig zehn Kilometern, was sich wiederum negativ auf die Wasserversorgung der Ortschaften und der Industriebetriebe auswirkt.

In großen Abbaugebieten entsteht eine eigentümliche Landschaft mit spezifisch technogenem Relief. Zu solchen Großräumen zählen der Donbass, der Kusbass, die Umgebung von Rudny im Nordkasachstan sowie die Räume mit intensivem Erzabbau im Ural und in Sibirien.

Lange Zeit über stellten die verlassenen Tagebaureviere eine trostlose nackte Landschaft dar: klaffende, mitunter wassergefüllte Löcher, Abraumhalden und Berge unfruchtbaren Bodens. Zur Zeit der Abbauarbeiten wuchsen um die Reviere Abraumhalden aus taubem Gestein in die Höhe. Diese Gesteine wurden durch Regen abgespüllt, und so daß die Flüsse der Umgebung erhebliche Mengen an Suspensionsfracht führten.

Heute unternehmen die Bergbaubetriebe große Anstrengungen zum Schutz der Natur. Zu nennen sind dabei unter anderem die größtmögliche Reduzierung der Abraumflächen und der Halden und weiterhin die Rekultivierung der Böden. Die Rekultivierung besteht in folgendem. Bevor man mit dem Abbau beginnt, pflanzt man vom Gelände des künftigen Förderreviers sorgfältig alle Bäume und Sträucher um, die fruchtbare Bodenschicht wird abgetragen und an entsprechender Stelle gelagert. Verlassene Tagebaue füllt man mit Abraum auf, darüber kommt der fruchtbare Mutterboden, und erst danach darf das Gelände der landwirtschaftlichen Nutzung zugeführt werden.

Große Probleme bereitet die Verunreinigung durch Erdöl nicht nur während der Förderung, sondern auch beim Transport. Viele Staaten zeigen sich beunruhigt über unkontrollierte Erdöleruptionen bei der Förderung vor den Küsten Kaliforniens und Alaskas, im Golf von Mexiko und in der Nordsee. Fast regelmäßig berichtet die Presse über Havarien an Tankern und Supertankern, bei denen das ausfließende Erdöl den Ozean mit einer riesigen schwarzen Lache überzieht, und das gegen die Küsten vorrückt und dort alles Leben vernichtet.

Worin bestehen nun die wichtigsten Maßnahmen des Umweltschutzes? Das ist die Gewährleistung der höchstmöglichen Sicherheit beim Transport von Erdöl und die Entwicklung neuer Verfahren beim Transport durch Pipelines, die Reduzierung des Einsatzes fossiler Brennstoffe durch Verwendung weniger toxischer Energieträger, umfangreiche Rekultivierung der Böden usw.

Zur Gewährleistung der rationalen und komplexen Nutzung der Bodenschätze und zum Schutze der Erde hat der Oberste Sowjet der UdSSR im Jahre 1975 die Grundlagen der Gesetzgebung der Union der SSR und der Unionsrepubliken über die Bodenschätze angenommen.

Die wichtigsten Forderungen für den Schutz der Bodenschätze sind: Gewährleistung der umfassenden und gleichzeitig detailierten Prospektion der Bodenschätze; vollständiger Abbau und vernünftige Nutzung sowohl der wertvollen als auch der weniger wertvollen Mineralien; Ausschaltung des schädlichen Einflusses der Abbauarbeiten auf die Unversehrtheit der Vorräte an den jeweiligen Bodenschätzen und der Minderung ihrer Qualität; Vermeidung einer Verunreinigung des Erdinneren bei unterirdischer Lagerung von Erdöl, Erdgas und anderen fossilen Bodenschätzen sowie Beseitigung der Umweltbelastung bei Förderung und Verarbeitung der jeweiligen Bodenschätze.

In der Sowjetunion wird das langfristige komplexe Forschungs- und Produktionsprogramm „Lithomonitoring der UdSSR" erarbeitet. Ziel des Programms ist die Kontrolle, die Bewertung der Zustände und Prognosen einer Veränderung der geologischen, hydrogeologischen und ingenieurgeologischen Verhältnisse unter Einfluß der technogenen Faktoren.

Der Begriff Monitoring bedeutet ein System an Beobachtungen von Veränderungen der Umwelt mit dem Ziel ihres Schutzes, er hat Geologen und Geographen neue Impulse gegeben. Was jedoch den Terminus Lithomonitoring betrifft, so bedeutet er die Überwachung lediglich der Lithosphäre. Das rechtzeitige Registrieren selbst unbedeutender Veränderungen auf der Erdoberfläche und in ihrem Inneren wird es ermöglichen, den Verlauf der Ereignisse vorherzusagen und, so erforderlich, ungünstige Auswirkungen auf die Wirtschaftstätigkeit zu verhindern.

Das Lithomonitoring sieht die Schaffung von Beobachtungsstationen und von Testgeländen zum Studium der geologischen Oberflächenprozesse und des Grundwasserhaushalts vor. Sehr wichtig ist es, Vergleichsgebiete einer ungestörten Lithosphäre zu besitzen, um sagen zu können, wie es ursprünglich war und wie es heute ist. Solche Bezugsgebiete müssen die Naturschutzgebiete werden, deren Zweckbestimmung darin besteht, einmalige geologische Objekte in ihrer ursprüglichen Form zu erhalten. Die Testgelände sollen jedoch dazu dienen Schutzmaßnahmen zu entwickeln. Ein solches Testgelände ist bereits auf der Krim in Funktion.

Die Beobachtung der Lithosphäre ist heute ohne Anwendung von Verfahren der Fernüberwachung unvorstellbar — von Flugzeugen und Satelliten aus —, denn das Antlitz der Erde spiegelt die Veränderungen in ihrem Inneren wider. Luftbilder sind schon längst zu einem untrennbaren Bestandteil der geologischen Erkundung und der Ingenieurgeologie geworden. Neben Luftbildaufnahmen benutzt man bei der Lösung geologischer Probleme auch Radar- und (thermische) Infrarotaufnahmen. Radaraufnahmen erlauben es, unabhängig von den Wetterverhältnissen und der Tageszeit „Porträts" der Erde zu erzielen, wo dies mit anderen Verfahren unmöglich ist. Ein solches „alles sehendes Auge" bietet die Möglichkeit, vom Flugzeug aus Territorien zu überwachen, die den größten Teil des Jahres durch eine dichte Wolkendecke verhüllt sind. Infrarotaufnahmen, beruhend auf der Veränderung der eigenen und der reflektierten Infrarotstrahlung natürlicher Objekte, lassen jene Elemente der Erdoberfläche, deren Temperatur sich nur unbedeutend von der Umgebung unterscheidet, sichtbar zu machen. Besonders effektiv sind Infrarotaufnahmen in Gebieten aktiver Vulkantätigkeit, in Gebieten mit Thermalwässern sowie bei der Suche nach Bodenschätzen.

Die Erschließung des Weltraums hat die geologische Wissenschaft mit einer ungeheuren Informationsflut in Form vieler zehntausend Aufnahmen versorgt, die in den verschiedenen Bereichen des elektromagnetischen Spektrums angefertigt wurden. Die Nutzung der gesamten Möglichkeiten der Fernüberwachung für die Zwecke des Lithomonitorings erlaubt es, ein in höchstem Grade umfassendes Bild vom Zustand der Lithosphäre im jeweiligen Augenblick zu erhalten. Große Bergbauunternehmen und die Gebiete ihrer starken Einwirkung auf die Umwelt erscheinen auf Luftbildern in helleren Grautönen und Farben, und zwar aufgrund des Unterschieds der Reflexions- und Strahlungseigenschaften der übrigen Landschaft. Erdölförderkomplexe kommen auf Bildern gut zum Ausdruck, die in der Nachtzeit gemacht worden sind. „Heiße" Reviere, Abraumhalden und Zufahrtwege sind deutlich auf Bildern zu erkennen, die im Frühjahr aufgenommen worden sind, wenn die Schneedecke allmählich abschmilzt.

Unnötig anzumerken, daß das Lithomonitoring eine mühselige Arbeit ist, die mit der ständigen Kontrolle der Veränderungen in der technogenen und der natürlichen Landschaft zusammenhängt. Für Regionen mit Tagebauen kann man den Verlauf der Schluchten ermitteln und empfehlen, welche von ihnen für Abraummaterial zu nutzen ist. Die Auswirkungen des Untertagebaus lassen sich nur anhand indirekter Anzeichen beurteilen. Da Bergwerke auf die Oberflächen- und Grundwasserverhältnisse auswirken, und dies wiederum die Entwicklung der Pflanzendecke beeinflußt, sind alle Veränderungen exakt durch Fernerkundung wahrzunehmen.

Die vernünftige Nutzung der mineralischen Reichtümer der Lithosphäre und der anderen natürlichen Ressourcen ist ein weltweites Problem der Gegenwart. Lösen kann man es nicht durch die Kraft eines einzigen oder mehrerer Länder, sondern nur durch gemeinsame Anstrengungen der gesamten Menschheit.

Seit undenklichen Zeiten werden von den Menschen viele Arten von Bodenschätzen aus dem Erdinneren gewonnen und verarbeitet. Neuerdings werden immer öfter Mineralien und Gesteine abgebaut, die früher aufgrund ihrer geringen Gehalte keine wirtschaftliche Bedeutung hatten. Die Industrie entwickelt sich weiter, und in gleicher Weise die Bergbau- und Aufbereitungstechnik, und im Ergebnis sind die früher wirtschaftlich nicht gewinnbaren Bodenschätze heute bauwürdig.

Zur Zeit werden die Naturressourcen intensiv und bis jetzt mit unbedeutenden Aufwendungen an Mitteln, Zeit und Arbeit ausgebeutet. Doch ungeachtet der Anwendung moderner Verfahren für Förderung und Aufbereitung der Bodenschätze und der Durchführung entsprechender Maßnahmen für den Schutz der Umwelt vollziehen sich unter dem Einfluß der industriellen Tätigkeit unaufhaltsam globale Veränderungen der äußeren Hüllen der Erde. Diese Veränderungen vollziehen sich vor unseren Augen: die landwirtschaftliche Produktion erweitert sich, immer vollkommenere Techniken werden entwickelt, immer mehr elektrische Energie wird erzeugt usw. Dies aber bedeutet, daß die Anforderungen an die Fruchtbarkeit der Böden und an die Leistungsfähigkeit bei der Nutzung der Bodenschätze steigen werden.

Die negativen wirtschaftlichen Auswirkungen liegen heute klar auf der Hand. Fast alle landwirtschaftlich nutzbaren Gebiete sind umgepflügt, mehr als die Hälfte der Wälder ist vernichtet, für immer sind viele Tier- und Pflanzenarten verschwunden, in vielen Räumen herrscht Wassermangel, die leicht zugänglichen und in der Nähe wirtschaftlich entwickelter Räume gelegenen reichen Lagerstätten mineralischer Rohstoffe sind abgebaut oder bald erschöpft.

Immer stärker verändert sich unter dem Einfluß der Wirtschaftstätigkeit die Biosphäre. Die natürlichen Landschaften weichen auf unserem blauen Planeten allmählich unter dem Ansturm der technogenen Landschaft zurück. Recht häufig tragen Industriegebiete nur noch eine kümmerliche Pflanzendecke, und die Atmosphäre ist durch Smog verunreinigt. An der Stelle abgeholzter Wälder entstehen Wüsten und Halbwüsten.

Kann ein Ausweg aus diesem scheinbar geschlossenen Kreis gefunden werden? Ja, sicherlich. In der Natur wirken geschlossene geologische Prozesse und Zyklen. Sie dauern Tausende und Millionen von Jahren. Um den Schaden zu vermindern, der der Umwelt zugefügt wird, muß die Menschheit solche technologischen Prozesse entwickeln, die eine natürliche Fortsetzung und Ergänzung der geschlossenen Naturprozesse darstellen würden. Sie werden als Geotechnologie bezeichnet.

Die Zeit zur Entwicklung und breiten Anwendung verschiedenartiger Geotechnologien ist gekommen, die eine umweltfreundliche, sich den natürlichen globalen Zyklen nähernde Erschließung und Verarbeitung der irdischen Ressourcen mit geringsten Abfällen gewährleisten würden.

Hier ist anzumerken, daß die Geotechnologien unmöglich vereinheitlicht und in gleicher Weise in den verschiedenen Gegenden und für alle Arten von Bodenschätzen angewandt werden können. Für jede Region sind sie spezifisch und müssen sich äußerst exakt in die umgebende Landschaft einfügen, ohne sie im geringsten zu verändern, sie müssen der jeweiligen Topographie, den Böden, den Grund- und Oberflächenwassern, den Wändern, der Tierwelt, den Städten und Ortschaften angepaßt sein.

Die Geotechnologien können in den verschiedenen Industriezweigen genutzt werden, wir aber wollen auf die Perspektiven der sogenannten „unterirdischen“ Geotechnologie eingehen. Um die von der Menschheit benötigten Bodenschätze zu fördern und aufzubereiten, werden jährlich 150 Milliarden Tonnen „tauben“ Gesteins an die Erdoberfläche gebracht. Gewöhnlich sind das die Deckschichten, die bei der Errichtung von Tagebauen abgetragen und auf offenen Flächen in Form von Abraumhalden aufgeschüttet werden, Gesteine mit geringem Erzgehalt und damit ohne wirtschaftlichen Wert sowie Gesteine, die aus Untertagegruben und Bergwerken ausgebracht werden. Bis zum Anfang des 21. Jahrhunderts wird sich die Gesamtmenge des an die Oberfläche gebrachten Gesteins auf das 4- bis 6fache erhöhen. Von dieser Menge werden nicht mehr als etwa 5 % industriell verwertet. Doch auch diese Zahl ist noch zu hoch angesetzt.

Die Verknappung vieler mineralischer Rohstoffe zwingt den Menschen, immer tiefer in die Erde einzudringen. Die Gesamtlänge der Untertagebaue übersteigt heute um ein mehrfaches die Entfernung von der Erde bis zum Mond. Jedes Jahr nimmt die Tiefe dieser Gruben zu, ein unbegrenztes Vordringen in die Tiefe ist aber nicht möglich wegen der zu hohen Temperaturen in diesen

Tiefen. Selbst in Tagebauen mit einer Tiefe über 400 m ist der Abbau infolge schlechter Belüftung und hoher Temperatur erschwert. In tiefen Bergwerken (3 bis 4 km) sind die Temperaturen derart hoch, daß die Bergleute nur einige Stunden arbeiten können, deshalb besteht hier Bedarf an spezialen Grubenrobotern.

Endlos kann man in das Erdinnere also nicht eindringen. Wie ist dann aber der Rohstoffbedarf der Industrie zu decken? Als Ausweg bietet sich nur an: aus den Gesteinen die in ihnen enthaltenen Elemente unabhängig von der Konzentration zu extrahieren. Bis vor kurzem noch galt es als ökonomisch unvertretbar, aus Gesteinen Erzmineralien zu gewinnen, deren Gehalt einen bestimmten Wert unterschreitet. Dies erklärt sich jedoch daraus, daß wir weiterhin mit alten Technologien arbeiten, die vor Jahrzehnten entwickelt worden sind. Heute sind hocheffektive Technologien erforderlich, ausgerichtet auf Erschließung geringhaltiger Erze. Und dieser Weg ist bereits abgesteckt.

Bei der Gewinnung einiger nutzbarer Komponenten setzt man Mikroorganismen — im wesentlichen Bakterien — ein. Diese unsichtbaren Schwerarbeiter extrahieren aus den Gesteinen die in ihnen feinverteilten Metalle Eisen und Kupfer, Blei und Zink, Titan und Kadmium, sogar Silber, Gold und Platin. Diese Technologie erlaubt es, die Berge von Abraumhalden zu verarbeiten, die rund um die Tagebaue und Gruben aufgetürmt sind. Nach der Extraktion der nutzbaren Komponenten bietet sich der Einsatz des Gesteins als Baustoffe an in Form von Sand, Ton, Kies und Zement. Dabei wird man nicht nur zusätzliche Mengen der von der Industrie dringend benötigten Rohstoffe erzielen, sondern auch riesige Flächen freimachen, die heute von Halden des Bergbaus überdeckt werden. Viele Millionen Hektar wertvollen und fruchtbaren Bodens müssen wieder der landwirtschaftlichen Nutzung zugeführt werden.

Die Menschheit fand sich lange Zeit mit den negativen Auswirkungen der Förderung von Bodenschätzen ab, denn die ökologischen Folgen wurden als Teil der Produktionskosten betrachtet. Die negativen Effekte der traditionellen Förderung und Erschließung der Bodenschätze akkumulierten sich in den vielen Jahrhunderten und nähern sich heute ihrem Höhepunkt. Nun befassen sich alle ernsthaft mit dem Problem der Zerstörung der Ökosysteme und der zunehmenden Verschmutzung der Umwelt. Folglich müssen die Geotechnologien so umfangreich wie möglich genutzt werden. Es gibt jedoch ein anderes Problem — es fehlen wissenschaftliche Vorarbeiten. In dieser Richtung wird heute in starkem Maße geforscht.

Unabhängig von seinem Willen und seinem Wunsch tritt also der Mensch als geologischer Faktor in Erscheinung. Bei der Erforschung des Einflusses des Menschen auf die geologischen Prozesse sind drei spezifische Besonderheiten zu berücksichtigen:

— erstens berührt dieser Einfluß so gut wie jeden Lebensraum auf der Erdoberfläche;

— zweitens ist die Dauer dieses Einflusses verglichen mit geologischen Zeiträumen noch unerheblich;

— drittens kann dieser Einfluß, will man eine Störung des geologischen Gleichgewichts vermeiden, in einem vernünftigen Rahmen gehalten werden.

Der Grad der Einwirkung des Menschen auf die geologischen Prozesse wird bestimmt vom Bedarf der Menschheit an natürlichen Rohstoffen aber auch von

Landschaftsveränderungen entsprechend dieser oder jener Bedürfnisse der menschlichen Gesellschaft.

Die Menschheit ist eine gewaltige geologische Kraft, die die Natur unseres Planeten umgestaltet. Bis vor kurzem noch diente der Verstand des Menschen als Mittel zur Eroberung der Natur. Doch auf die Beherrschung der Natur sollten wir verzichten, wir sollten uns ihr aber auch nicht einfach blind unterordnen. Wir sollten mit der Natur zusammenarbeiten, sie sinnvoll nutzen, aber gleichzeitig auch schützen und bewahren.

Schlußbetrachtung

Wir haben uns bemüht, dem Leser eine Vorstellung nicht nur von der geologischen Wissenschaft unserer Tage, sondern auch von deren Beziehungen zu anderen Wissenschaften zu vermitteln. Es ist nun bekannt, wie kompliziert die Geschichte der Erde ist und wie weit sie zurückreicht, wie die einzelnen Phasen und Epochen abliefen, die zur Bildung der Erdkruste und den anderen Schalen der Erde führten, und wie man sie im einzelnen ermittelt. Wir haben viel erfahren, und vieles über diese Entwicklungsschritte unseres Planeten, über die Zusammensetzung und den Aufbau in dessen Tiefen bedarf noch der Klärung. Die Erde lebt. Die geologischen Prozesse auf ihrer Oberfläche und in ihrem Inneren klingen heute ab, um morgen mit erneuter Kraft aufzuflammen. Die Kontinente sind auf einer langsamen Wanderung, und dabei werden gigantische Energien aufgewendet. Bei unserem Bericht über die Geologie und über deren Leistungen und Errungenschaften waren wir bemüht aufzuzeigen, welche Fachrichtungen es in der Geologie gibt und welche Entdeckungen auf ihre künftigen Erforscher warten.

Mit diesem Buch haben wir uns nicht das Ziel gesetzt, alle Seiten der modernen geologischen Wissenschaft und alle großen Erfolge auszuleuchten, die in ihren verschiedenen Richtungen erzielt worden sind. Die Einführung exakter physikalischer und chemischer Untersuchungsmethoden unter Nutzung der modernsten Technik hat die Möglichkeiten der Mineralogie und Kristallographie enorm vergrößert. Mit ihrer Hilfe werden neue Mineralien entdeckt und komplizierte Verbindungen zwischen den Elementen entschlüsselt. Dies alles, vor allem jedoch profunde Kenntnisse und hohes Niveau der Forschungstechnik, erlaubt es, praktisch alle bekannten Mineralien zu synthetisieren, das heißt künstlich herzustellen. Heute kann man unter Laborbedingungen hohe Druck- und Temperaturverhältnisse erzeugen — ähnlich denen, wie sie für das Erdinnere angenommen werden. Dies aber bedeutet, daß die Geologie sich anschickt, die Prozesse exakt nachzuvollziehen, die tief im Inneren der Erde ablaufen, und möglicherweise die primäre Materie unseres Planeten zu rekonstruieren.

Große Veränderungen haben sich in den letzten Jahrzehnten in der geologischen Wissenschaft vollzogen. Verändert hat sich die Verfahrensweise geologischer Untersuchungen, nennenswert erweitert haben sich unsere Kenntnisse in allen Bereichen der Naturwissenschaften. Viele Entdeckungen der letzten Jahre resultieren daraus, daß die Geologen unseren Planeten nun als einheitliches Ganzes, global und zugleich in allen seinen Details betrachten.

In den letzten Jahren hat sich eine neue Forschungsrichtung, die kosmische Geologie, herausgebildet und wurde zu einer neuen eigenständigen Wissenschaft, vergleichbar der Paläontologie. Die Geologen erforschen die Planeten des Sonnensystems unter mineralogischen, geochemischen und strukturgeologischen Gesichtspunkten. Dank den Flügen von Raumfahrzeugen wurde

Mondgestein auf die Erde gebracht und umfassend untersucht. Unsere nächsten Nachbarn — Mars und Venus — werden mittels Raumsonden einer geochemischer Erforschung unterzogen. Die Geologie hat in unseren Tagen den Rahmen der Erforschung des Planeten Erde gesprengt. Sie hilft uns Kenntnisse vom Aufbau und von der Evolution der Planeten des Sonnensystems zu erlangen. Ein großer Schritt in dieser Richtung wurde im März 1986 getan, als sich im fernen Weltraum die Raumflugkörper Wega-1 und Wega-2 und der Halleysche Komet begegneten.

Neben der Erforschung des Erdinneren und der Planeten des Sonnensystems steht den Geologen bevor, eines der aktuellsten Probleme der Gegenwart zu lösen — das Problem der Versorgung der Menschheit mit mineralischen Rohstoffen. Davon wird das Wohlergehen der menschlichen Gesellschaft, ihre nahe und ferne Zukunft abhängen. Das Problem der mineralischen Rohstoffe ist aktuell geworden, weil:

— das Innere der Erde zwar noch verschiedene wertvolle Bodenschätze in sich birgt, für ihre Nutzung die Menschheit jedoch einen immer höheren Preis entrichten muß;

— die Hauptmasse der Bodenschätze in der Natur ist praktisch nicht erneuerbar und in ihrer Menge beschränkt, dies aber birgt für die Menschheit erhebliche ökonomische, wissenschaftlich-technische und politische Probleme;

— die drastisch anwachsenden ökonomischen Aufwendungen, die mit der Erkundung und Prospektierung, mit der Förderung und Aufbereitung der mineralischen Rohstoffe zusammenhängen, lassen das globale Problem der ökonomischen und sinnvollen Nutzung der Naturressourcen in den Vordergrund rücken.

Die Menschheit hat Kraft genug, dieses Problem zu lösen. Dazu aber bedarf es der gemeinsamen Anstrengungen aller Länder dieser Erde.

Index